趣味力学

〔俄〕雅科夫 · 伊西达洛维奇 · 别莱利曼 著

李薇薇 译

四川大學出版社
SICHUAN UNIVERSITY PRESS

图书在版编目（CIP）数据

趣味力学 /（俄罗斯）雅科夫·伊西达洛维奇·别莱利曼著 ; 李薇薇译. — 成都 : 四川大学出版社，2024.6

ISBN 978-7-5690-5289-3

Ⅰ. ①趣… Ⅱ. ①雅… ②李… Ⅲ. ①力学—普及读物 Ⅳ. ① 03-49

中国版本图书馆 CIP 数据核字（2021）第 277768 号

书　　名：趣味力学
Quwei Lixue

著　　者：〔俄〕雅科夫·伊西达洛维奇·别莱利曼

译　　者：李薇薇

选题策划：王小碧　宋彦博

责任编辑：宋彦博

责任校对：唐　飞

装帧设计：牧田文化

责任印制：王　炜

出版发行：四川大学出版社有限责任公司

地址：成都市一环路南一段 24 号（610065）

电话：（028）85408311（发行部）、85400276（总编室）

电子邮箱：scupress@vip.163.com

网址：https://press.scu.edu.cn

印前制作：北京牧田文化传播有限公司

印刷装订：北京长宁印刷有限公司

成品尺寸：170mm×240mm

印　　张：8.75

字　　数：152 千字

版　　次：2024 年 6 月 第 1 版

印　　次：2024 年 6 月 第 1 次印刷

印　　数：1-10030 册

定　　价：39.00 元

扫码获取数字资源

四川大学出版社
微信公众号

目 录

第一章　力学基本定律

哪只手里的鸡蛋会被撞破?

取两个硬度、大小基本一样的鸡蛋，左右手各拿一个，然后用其中一只手中的鸡蛋去撞另一只手中的鸡蛋（图 1）。注意，这里两个鸡蛋的碰撞部位基本一致，那么你猜哪只手里的鸡蛋会被撞破呢？

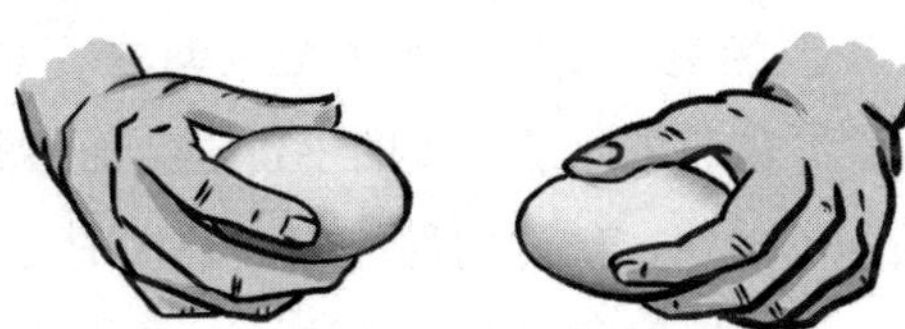

图 1　哪只手里的鸡蛋会被撞破?

这是美国《科学和发明》杂志中刊登过的一个问题，杂志也肯定地给出了答案：通过多次试验发现，被撞破的多是主动去撞的鸡蛋，也即处于“运动状态”下的那个鸡蛋。

为什么会这样呢？杂志给出了解释：“蛋壳的外形呈拱形[①]，当两个鸡蛋发生碰撞的时候，对于保持不动的鸡蛋来说，会有压力作用于其外壳，而拱形物体对外来压力的承载能力很强。不过，与静止的拱形物体相比，处于运动中的拱形物体所承受的压力是完全不同的。在这个试验中，运动中的

① 世界上许多著名古建筑都以拱形来修建，如罗马式建筑、中国古桥等，其原因就在于拱形结构的承载能力更强。这是因为拱形建筑两侧的拱脚不仅可以分担中心点的压力，将其导向地面，同时还能向中心点提供反作用力，增强了拱形结构的承载能力。

鸡蛋，不仅承受着外在的压力——来自静止鸡蛋的压力，还有来自内部的压力——蛋液由内朝外运动产生的压力。拱形物体对这种内部压力的承受能力要远低于对外部压力的承受能力，更何况是两个力同时作用的情况，所以，被撞破的多是运动中的鸡蛋了。”

当这个问题出现在列宁格勒（现俄罗斯圣彼得堡）的报纸上后，各种稀奇的答案纷至沓来。

很多人认为被撞破的一定是主动去撞的鸡蛋，但也有一些人觉得，主动去撞的鸡蛋会是完好无损的那个。他们给出的理由看上去似乎都各有道理，但事实上却都是错误的。因为他们的大前提——说主动去撞的鸡蛋是运动的，而被撞的鸡蛋是静止的——这一论点本身就是错误的。我们不能过分强调鸡蛋的运动与否，因为不论是主动去撞的还是被撞的鸡蛋，两者之间并没有什么不同。用什么标准来确定鸡蛋的动与不动呢？

如果是从运动和静止的特征来说，就算是看遍所有的天文学书籍，恐怕也无法准确预测两个鸡蛋碰撞后的结局——因为天空中每一颗可见的星星都是运动的，它们所在的整个银河系相对于其他星系而言，同样也都是运动的，因此，我们不能轻易断定哪个鸡蛋是运动的，哪个是静止的。

瞧，两个鸡蛋，便将我们带向了深奥的宇宙学，而问题也还远远没有解决。当然，这种说法并不确切，因为问题毕竟向解决的方向靠近了——它让我们明白了一个真理：抛开参照物，单独去谈论一个物体的运动，是完全没有意义的。就单一的物体来说，没有运动与否之说；运动，至少得是两个物体之间的对比，或是靠近，或是远离。上文中两个鸡蛋的相撞是在相同的运动状态下进行的，它们在相互靠近——对于它们的运动，我们只能确定这一点。至于相撞后可能出现的结果，却并不取决于我们把哪个看成是主动去撞的一方，哪个又是被撞的一方。[①]

300 多年前，伽利略提出了静止与匀速运动的相对性，也即众所周知的力学相对性原理。这里提醒大家，不要将它与爱因斯坦的相对论混淆，爱因斯坦的相对论是在 20 世纪初才提出的，而且他的相对论也是在伽利略的力

---

① 这里还涉及一个重要的问题，简单来说就是：相撞的两个物体，与外界并非完全隔离的。比如，鸡蛋主动撞击时快速运动，空气压力产生的破坏力会超过撞击所产生的破坏力。即使鸡蛋半路上突然停下来，蛋液也会对蛋壳产生内在的力。

学相对性原理的基础上发展起来的。

究竟是静止的还是匀速运动的？

许多人已经习惯把静止和运动看作是对立的两面，就跟天与地、水与火的对立一样。在这种认知的影响下，当他们在火车上过夜时，丝毫不用去关心火车是静止的，还是疾驰着的。与此同时，在理论上，他们却又坚信疾驰的火车不可能是静止不动的，而火车下面的铁轨、大地和周围环境也不可能是在朝相反的方向运动着的。

那么，对于这一说法，火车司机又是怎么看待的呢？

爱因斯坦对此进行论述时说：“火车司机会否定这一说法。因为他认为燃烧和润滑的目的是让机车运动，而不是让周围的环境运动。他工作的结果就是运动，而进行运动的应该是机车。”

表面看来，火车司机的观点是非常有道理的，几乎具有决定性的说服力。但是，我们不妨这样设想一下：有一条沿着赤道铺设的铁轨，上面有一列火车正在朝着与地球自转方向相反的方向行进。此时，周围的环境都与火车迎面相对而过，火车内的燃料只能保证火车不被四周环境带向后方，或者也可以说，是让火车尽量落在四周环境向东方运动的后方。

如果司机想让火车脱离这种状态，不参与到地球的自转中，他就得让火车的疾驰速度达到 2 000 千米 / 时。

现实中，他是找不到这样的火车的。若换成喷气式飞机，倒是可以达到这个速度[①]。

换言之，在火车进行持续的匀速运动时，并不能确定火车和周围环境到底谁处于运动状态，而谁又处于静止状态。

---

① 美国宇航局在 1976 年发射的“太阳神 2 号”探测器，是迄今为止人类发射的飞行速度最快的人造天体，其飞行速度约 25 万千米 / 时；2004 年研制的 X — 43A 高超音速飞行器的飞行速度达到了 11 760 千米 / 时，相当于声音在空气中传播速度的 9.6 倍。

什么是风洞？

在现实中，根据运动和静止的相对性，有时候会用静止替代运动，或者把静止看成是运动。例如，在研究飞机或者汽车向前行进时，要研究空气阻力对它们的作用，一般都是研究它的“相反”现象，也就是研究运动中的空气流对静止的飞机或汽车的作用。

具体做法一般是在实验室里设置一个超大的管子——风洞[①]（图 2），利用风洞制造一股空气流，使其作用于悬挂着的静止的飞机或者汽车模型，以此进行实验。

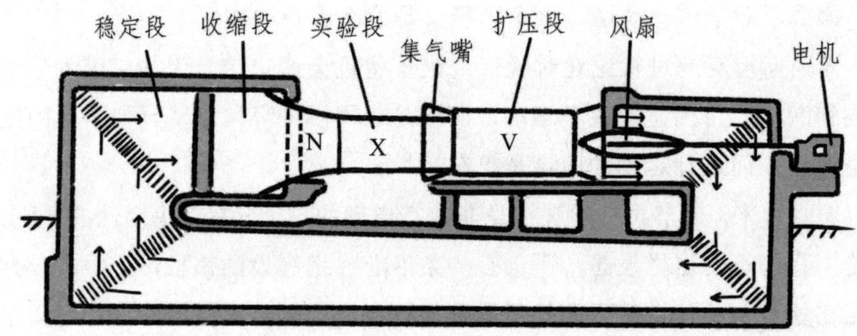

图 2　风洞纵截面（飞机或机翼的模型悬挂在标有 X 的工作段里，空气在风扇 V 的作用下沿箭头方向移动，通过狭颈 N 吹向实验段，然后再吹入管子里）

这样得出的结论在实际中是完全适用的，虽然实际现象跟此情景相反：空气不动，汽车或者飞机是高速运动着的。

现在的风洞已经有很大尺寸的了，里面不再放置缩小版的模型，而是换成了实际大小的实体，比如有螺旋桨的直升机或者整台汽车。风洞里空气的流动速度也可以达到音速。

---

① 风洞即风洞实验室，是以人工方式产生并控制气流，用来模拟飞行器或实体周围气体的流动情况，并量度气流对实体的作用效果及观察物理现象的一种管道状实验设备。世界上公认的第一个风洞是 1871 年由英国人建成的。1901 年，美国莱特兄弟建造了气流速度为 12 米 / 秒的风洞，用来进行飞机测试；同时他们发明了世界上第一架飞机。法国的莫达讷风洞是世界上最大的风洞，试验速度可达音速的 12 倍。

疾驰中的火车如何加水？

在现实中，另外一个非常典型的运用了运动和静止的相对性的例子，可以在铁路上找到——煤水车可以在疾驰中加水。

其方法很巧妙，就是把大家都知道的机械现象“反过来”使用，即把一段下端弯曲的管子直立在水流中，让它的开口端迎着水流（图 3），那么水就会流进这个立管，也就是流进所谓的“毕托管”，并且管子内的水面高度会比外面的水流平面要高，所高出的高度跟水流的速度有关。

图 3 疾驰的火车如何加水？（在两条铁轨中间设有一条长长的水槽，煤水车底下的管子直接浸入这个水槽。左上图是毕托管，把这个水管放到流动的水里，管子里的水平面会高于水槽里的水平面。右上图是疾驰的火车所装备的毕托管，用来给煤水车加水）

铁路工程的设计师们把这个现象“反转”过来：他们把弯管子放在静止的水里移动，于是管子内的水平面会高出水池里的水平面。也就是说，在这里，运动代替了静止，静止替换了运动。

在实际运用中，为了在火车通过某一车站时不用停下来就能给煤水车加水，那么在这种车站的两条铁轨中间，会设计出一条长长的水槽（图 3）。火车经过水槽时，从煤水车的下方伸出一根弯管，让它的开口端向着火车行进的方向。这样，当火车疾驰而过时，水流就会顺着管子升起，流到煤水车里去。

利用这个方法，能把水面提升到多高呢？在力学的大范畴里有个水力学分支，是专门研究液体运动的。水力学的定律告诉我们，这里的水面被提升的高度，应该等于以水流的速度把物体竖直向上抛掷出后达到的高度。如果不考虑摩擦、涡流等方面的影响，这个高度可用下面这个公式求出：

$$H=\frac{v^2}{2g}$$

其中，v 是水流速度；g 是重力加速度，等于 9.8 米 / 秒 ²。在我们所说的条件下，水与管子的相对速度等于火车的行驶速度，假设是 36 千米 / 时，那么 $v=10$ 米 / 秒[①]。因此，可计算出水面被提升的高度：

$$H=\frac{v^2}{2\times9.8}=\frac{100}{2\times9.8}\approx5\text{（米）}$$

我们可以清楚地看到，不用管摩擦等其他方面的影响有多大，水面被提升的高度是足够给煤水车加满水的。

惯性定律是怎么回事?

现在我们已经知道了运动的相对性，接下来应该谈谈改变物体运动状态的原因——力。首先应该强调一下力有个独立作用定律：力对物体所起的作用，与物体所处的状态和在另外的力作用下的运动状态无关。

这是对牛顿[②]三大定律中的第二定律的推论。三大定律中的第一定律是惯性定律，第三定律是作用和反作用相等的定律。

关于牛顿第二定律，后面还会用一整章的篇幅讨论，这里只简单说一下。牛顿第二定律表述的是，用来度量物体运动速度的变化的量，就是加速度，它跟作用力的方向相同，并且其大小是与力的大小成正比的。这个定律可用公式表示为

$$F=ma$$

其中，F 表示作用在物体上的力，m 是物体的质量，a 是物体的加速度。其

① 千米 / 时表示每小时运动的千米数；米 / 秒表示每秒钟运动的米数；米 / 秒 ^{2} 是加速度的单位，就是在匀加速运动里 1 秒钟改变的速度是 1 米 / 秒。

② 艾萨克·牛顿（1643—1727）爵士，英国皇家学会会长，著名的物理学家，百科全书式的“全才”。他在 1687 年发表的论文《自然哲学的数学原理》里，对万有引力和三大运动定律进行了描述，奠定了此后三个世纪里力学和天文学的基础，并成为现代工程学的基础。

中最难懂的应该是质量了，人们经常会把质量和重力看成是一回事，其实它们是不同的。不同物体的质量可以根据它们在同一个力的作用下所得到的加速度来比较。从上面的公式中可以看出，物体的质量越大，在同一个力的作用下，它运动的加速度就越小。

惯性定律①是牛顿三大定律中最容易理解的一条。但因为它跟一般人的习惯看法相反，所以经常有人对它产生误解。比如说，经常有人会把惯性理解成物体“在外来原因破坏它原有状态前保持它原有的状态”的性质。这种看法就把惯性定律看成是“原因定律”了，即没有外来原因就不会有这一切（任何物体不会改变它的方向）。真正的惯性，是不属于物体的任何物理状态的。它的内容为：一切物体都在保持它的静止状态或匀速直线运动状态，直到力的作用改变它的这个状态。

也就是说，当物体出现以下三种情况之一时，我们就能得出结论，说这个物体受到了力的作用：（1）由静止变为运动；（2）由直线运动变成曲线运动或者始终保持曲线运动；（3）运动停止、变慢或者加快。

但是，如果物体在运动中没有出现上述三种情况中的任意一种，那么，即使物体运动的速度再快，也没有任何力作用于它。所以，一定要明白，凡是做匀速直线运动的物体，都是不受任何力的作用的（或者是作用在它上面的几个力互相平衡）。现代力学的观念跟古代（伽利略之前）思想家的看法的区别之处就在于此。

上面的解释也说明了另外一个问题，那就是为什么把固定不动物体的摩擦也看成是力的作用，虽然摩擦并不能产生什么运动，但是摩擦可以阻碍运动，所以摩擦也是力。

在这里还要强调一点，一切物体并不是“趋向于”停留在静止状态，而只是暂时停留在静止状态。这其中的区别就跟一个从不出门的人，和只是偶尔在家，一有点小事就出门的人之间的区别一样。在本质上，物体不是“足不出户”的人，相反它的活动性很强，只要向一个自由物体加上哪怕微不足道的力量，它就会运动。所以，称“物体趋向于保持静止状态”并不恰当。

---

① 跟平常习惯看法相反的是，惯性定律里有一部分说，做匀速直线运动的物体在运动当中不需要任何外力的作用。错误的看法是，物体既然在运动，就必然受到外力的作用，外力一旦消失，这个运动就会停止。

另外，物体脱离静止状态后，自己就不会再回到静止状态了，它会永远保持力的作用提供给它的运动（这里假设没有妨碍这种运动的力）。

大多数关于物理和力学的课本上，都欠妥地运用了“趋向于”这个词，很多关于惯性的误解就是从这里开始产生的。要想完全正确地理解牛顿三大定律，需要克服许多困难。下面我们就来讨论牛顿第三定律。

作用力总是等于反作用力吗?

当我们开门时，一般是用手把门拉向自己，此过程中自己的肌肉收缩，手臂两端相互靠近，用相同的力量将门和自己相互拉近。此时，在自己身体和门之间就作用着两个力，一个作用在门上，一个作用在自己身体上。如果门不是被拉开，而是被推开的话，也是一样的道理，力把门和自己的身体推离开。

不仅我们肌肉的力量如此，其他所有力都是这样，不管这些力的本质如何，每个力都向相反的方向作用。简单来说，它有两个头（两个力）：一头作用在我们平时说的受力物体上，另一头作用在施力的物体上。在力学里，这几句话往往说得很简单，即“作用力等于反作用力”。

牛顿第三定律的意思是，宇宙间的力都是成对的。当你认为物体有力的作用时，应该想到另外一个什么地方还有一个力，大小跟它相等，但是方向相反。这两个力一定是作用在两个点之间，使它们接近或者远离。

举个例子，现在让我们研究一下氢气球下方坠子上的三个力 P、Q 和 R（图 4）。P 为氢气球的牵引力，Q 为绳子的牵引力，R 为坠子受到的重力。乍一看，这三个力好像都是单独的，其实不然，这三个力中的每一个力都有一个与它大小相等而方向相反的力。具体来说：与力 P 相反的力作用在牵引绳上，也是通过牵引绳传递到氢气球[①]上（图 5 中的力 P_1）；与力 Q 相反

① 氢气球之所以会上升，是因为氢气的密度比空气的密度小。它最多可以飞到 10 千米高，气象台经常利用它观测大气压和大气运动变化。1780 年，法国化学家布拉克把氢气灌入猪膀胱，制得世界上第一个氢气球。

的力作用在手上（图 5 中的力 Q_1）；与力 R 相反的力作用在地球上（图 5 中的力 R_1），因为坠子不但受到地球的引力作用，同时也吸引着地球。

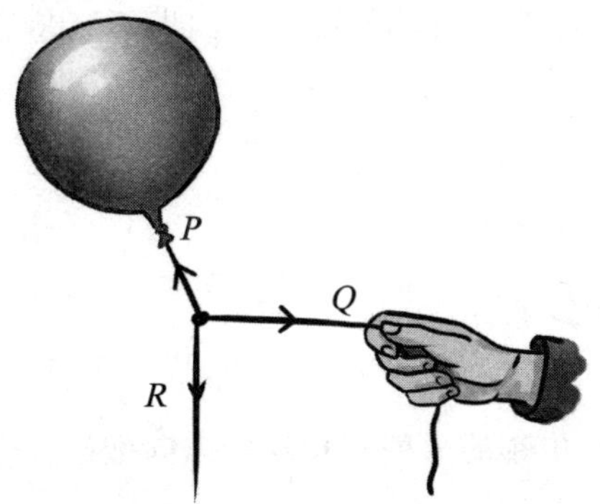

图 4 作用在氢气球下面的坠子上的力为 P、Q、R，反作用力在哪里？

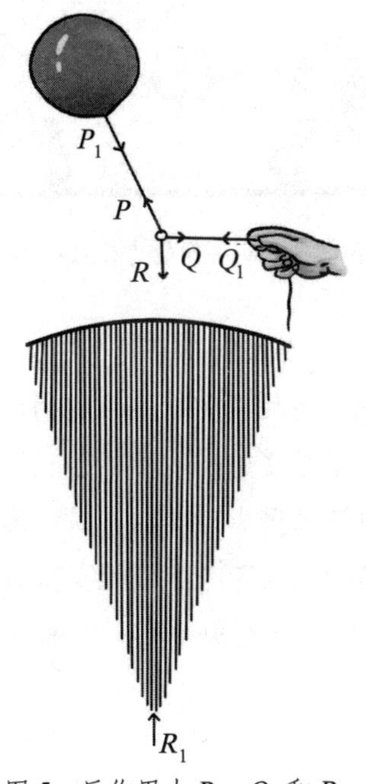

图 5 反作用力 P_1、Q_1 和 R_1

此外，还有一个很有意义的问题，那就是：绳子两端各有 10 牛顿的力在向两端拉扯时，绳子的张力是多少？问这个问题，就好比问 10 分的邮票价值是多少一样。这个问题的答案就在问题本身里——绳子所受的张力为10牛顿。不管是说“绳子被两个10牛顿的力拉扯着”，还是说“绳子承受着10牛顿的张力”，两者是一回事。因为除了由两个作用相反的力所组成的10牛顿的张力外，不可能再有其他张力。如果不清楚这点，就会犯错误，下面就是这样的例子。

弹簧秤的读数是多少？

两匹马各用1 000牛顿的力朝着相反的方向拖拉一个弹簧秤，那么弹簧秤的读数应该是多少（图6）？

图6　假设每匹马各出1 000牛顿的力，请问弹簧秤的读数是多少？

很多人会说是1 000（牛顿）＋1 000（牛顿）＝2 000（牛顿）。这个答案当然是错误的。两匹马各用1 000牛顿的力向相反的方向拖拉，根据我们上一节说的内容，张力不是2 000牛顿，而应该是1 000牛顿。

正因为如此，当初做马德堡半球实验[①]时，两边各由8匹马向相反的方向拖拉，不能认为两个半球受到的拉力是16匹马的力量。其实，把一边的8匹马换成一面足够结实的墙，结果也是一样的。

① 马德堡半球实验是当时的马德堡市长奥托·冯·格里克（1602—1686，德国物理学家、政治家）在1654年进行的科学实验。实验中，将两个半球内的空气抽掉，球外的大气压便把两个半球紧压在一起，两边各用8匹马一起拉都拉不开。这个实验证明了大气压强是存在的，并且十分大。当年实验用的两个半球现保存在德国慕尼黑的德意志博物馆中。

哪只船先靠码头？

湖里有两只相同的船向码头靠近（图 7）。两只船上的划手都利用绳子将船向码头拉拢。第一只船的绳子一头系在码头的铁柱上，另一只船的绳子一头则由码头上的水手用力向码头拉着。这三个人所用的力气一样大，哪一只船先靠码头？

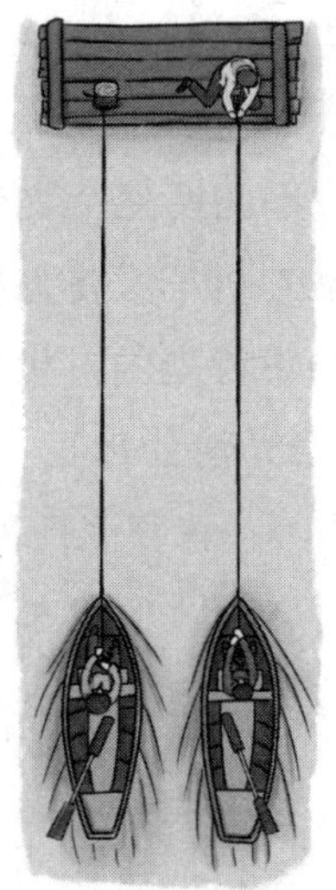

图 7　哪只船先靠码头？

从表面上看，这场比赛似乎应是由两个人拉扯的船会提前靠近码头，因为双倍的力量一定会产生比较快的速度。

但是，说两个人拉扯的船上作用着双倍的力，这种说法本身是不是正确的呢？

假如船上的划手和码头上的水手各自把绳子向着自己拉紧，那么绳子的张力只等于他们中一个人的力量。也就是说，这个张力跟另外那只一个人拉的船的情形一样。因为都是用相同的力量向码头拉近两只船，所以它们一定是同时到达码头的。[①]

① 对于这个解说，曾有读者表示质疑。他认为，要使船靠近码头，人一定要收绳子，那么在同一时间里，两个人收的绳子一定比一个人收的多很多。因此，右边的那只船会先到达码头。

人和机车都是怎样动的?

在实际生活中，会有一种常见现象，就是作用力和反作用力作用在同一物体的不同地方。比如，肌肉的张力和机车汽缸内的蒸汽压力，就有这种所谓的“内力”。这种“内力”的特点是：它能在物体各部分相互连接的限制下，改变各部分的相互位置，但是又不会使物体所有部分产生一个共同的运动。用手枪射击时，火药燃烧产生的气体把子弹推向前方，但同时也作用于另外一个方向，使手枪产生后坐力。所以，火药燃烧所产生气体的压力这个“内力”，使得子弹和手枪不可能同时向前运动。

那么问题来了，既然内力不能使整个物体向同一方向移动，那么怎样解释步行的人是如何运动的呢？机车又是怎样行驶的呢？简单地说，步行的人是在脚和地面的摩擦作用下行走的，机车是在车轮和铁轨间的摩擦作用下前进的。众所周知，在很光滑的冰面上是不能走路的（有句很流行的俗语说“像牛在冰上一样”）；在很光滑的铁轨上（如结冰的铁轨上），机车很容易“打滑”——轮子转动，但机车停在原地不动。可是，我们在前面的内容中说了，摩擦只会阻滞已有的运动，此刻又是怎样帮助步行的人或机车运动起来的呢？

这个问题其实很简单。两个内力同时作用，不能使物体运动起来，因为这两个力只是让物体的各个部分离开或靠拢。但是，如果有另外一个力加入，这加入的第三个力平衡了或者减弱了两个内力中的一个，此时就没有什么妨碍另外一个内力推动物体运动了。物体的摩擦力恰好就是这第三个力，它减弱了其中一个内力的作用，使得另外一个内力能够推着物体前进。

假设你站在一个很光滑的表面上（如冰面上），想走动的话，你会用力向前移动脚，你身体的各部分就会有内力按照作用力和反作用力定律来作用。这种内力很多，但实质上其作用跟两只脚受到两个力的作用一样。一个力 F_1 推动右脚向前，另一个力 F_2 跟第一个力 F_1 大小相等、方向相反，使得左脚向后。这样形成的结果是让你的左右脚分开，一只在前，一只在后。至于你的身体，或者更确切地说是你身体的重心，仍然保持在原地。假如左脚踩在一个粗糙的表面上（如在冰面上撒一些沙子，左脚正好踩在上面），那情形就跟现在不一样了。此时作用在左脚上的力 F_2 与作用在左脚靴底的摩擦力 F_3 相平衡（完全平衡或局部抵消），那作用在右脚上的力 F_1 就推动右脚向前，全身也就跟着向前移动（图 8）。事实上，我们在走路时，会抬起一只脚向前伸，脚抬起来了，它与地面就不再产生摩擦，而另一只脚与地面产生的摩擦力会阻止这只脚向后滑动。

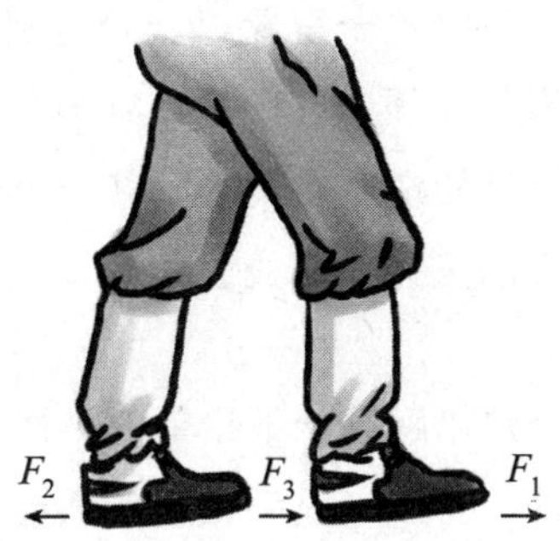

图 8　力 F_3 使走路变成可能

对于机车来说，这个问题要复杂一些，但是可以归纳成这样：作用在机车主动轮上的摩擦力要跟内力中的一个力相平衡，这样另一个内力就会推着机车前进。

铅笔为什么不在两指上同时移动？

我们先做一个试验：拿出一支铅笔，放在两只手的食指上，两个食指此时要水平伸直。然后两指开始相互靠近，并且让铅笔保持水平状态(图9)。你将会发现，铅笔先是在一个手指上移动，然后又在另一个手指上移动，并且会交替发生。如果把铅笔换成长木棒，就会发现这种现象会重复出现很多次。

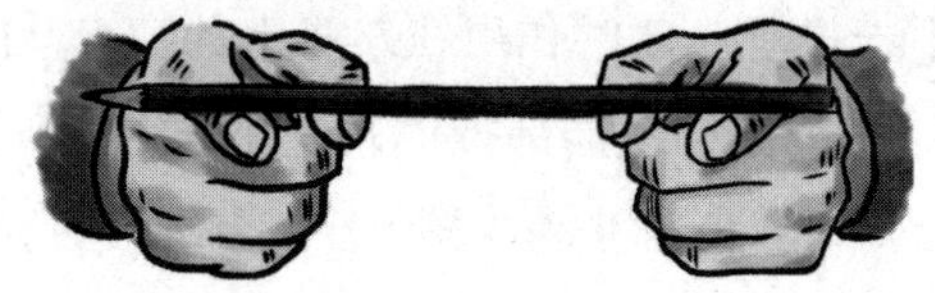

图9　两指移动的时候，铅笔交替地向左右两个方向移动

如何解释这种奇怪的现象呢？

这里有两个定律可以解释这一现象，一个是阿蒙顿－库仑摩擦定律[①]，另一个是摩擦力在物体滑动过程中要比静止时小的定律。阿蒙顿－库仑摩擦定律认为，摩擦力在物体开始滑动时，等于某一个表示相互摩擦物体特征的数值乘以物体加在支点上的压力，写成公式为

$$T = f \cdot N$$

下面我们就用这两个定律解答一下铅笔的奇怪运动。铅笔加在两只手指上的压力一定是不相等的，压在一只手指上的力会比压在另外一只手指上的力大一些，因此压力大的一边，它的摩擦力也就大些。

这一点可以由阿蒙顿－库仑摩擦定律的公式看到。也正是这个摩擦力，阻碍了铅笔在压力大的一边滑动。等到两只手指慢慢靠拢时，铅笔的重心跟滑动的支点不断接近，滑动支点上的压力不断增大，直到增大到与另外一个支点的压力大小相等。但是，物体滑动时的摩擦力会比静止时的小些，所以手指还要滑动一段距离，滑动支点上的压力逐渐增大，直到摩擦力让它停止下来，这个支点才会停止滑动，此时另一只手指就变成了滑动支点。这种现象会交替重复下去，两只手指轮流做滑动支点。

“克服惯性”是什么意思？

人们通常还会对一个问题产生误会，让我们来研究一下它。我们会时常听到这样的话——为了使静止的物体开始运动，首先要“克服”这个物体的“惯

① 1699年，法国物理学家阿蒙顿（1663—1705）提出了阿蒙顿定律并建立了摩擦的基本公式。1780年，法国工程师、物理学家查利·奥古斯丁·库仑（1736—1806）提出了他的摩擦理论——库仑摩擦定律。今天的阿蒙顿－库仑摩擦定律，又称为“古典摩擦定律”。

性”。而我们又知道，一个自由物体对于要使它运动起来的力的作用是无条件接受的，那么这个“克服惯性”究竟说的是什么呢？

所谓“克服惯性”，它表达的意思就是，要使一个物体以一定速度运动，是需要一定时间的，否则不管这个物体的质量多么小，任何力量，即使是很大的力，也不可能立刻使物体得到需要的速度。

这一点可以用一个简单的公式$Ft=mv$表述，这个公式我们下一章会讲到。

有人可能已经从物理课本上知道了，当$t=0$（即时间等于零）时，质量和速度的乘积也等于零，又因为质量永远不会等于零，所以速度一定等于零。换句话说，假如不给力表现其作用的时间，这个力就不会使物体产生任何速度或运动。假如物体的质量很大，那就需要很长的时间，力才能够使物体发生运动。

这个错觉，让我们感觉到物体并不是马上运动，而是在抗拒力的作用一样，以为力在使物体发生运动之前，应该是要“克服它的惯性”的。

为什么启动火车所需的力更大?

一位读者问了这样一个问题，相信许多人在看了上一节内容之后，也不免会产生这样的疑问：“为什么启动一辆火车，要比维持一辆正在匀速前进的火车的运动更困难？”

不但更困难，甚至可以这样说，如果施加的力量不够大，根本都不能启动火车。为了维持一辆空火车在水平轨道上匀速前进，在润滑等状况良好的情况下，只需要15牛顿的力就可以了。但是，同一辆火车，如果它停在那里静止不动，就至少需要用60牛顿的力才能让它运动起来。

这是为什么呢？其原因在于，在最初的几秒钟内，要加上额外的力，使火车得到需要的速度来前行（其实这个力并不算很大）；更关键的是，火车在静止时的润滑条件，与运动中的是不一样的。当火车开始运动时，润滑油还没有均匀地分布在整个轴承上，因此要让火车移动就困难得多。当车轮转了第一转后，润滑情况马上得到改善，要维持火车以后的运动就会非常容易了。

第二章　力学与运动

记下一些常用的力学公式

在本书中，会经常用到力学公式。虽然有人已学过力学相关知识，但是也不能保证还记得某些公式，所以我们把这些公式列在了一张表中（表1），帮助大家记忆。这个表格按照乘法表的样子编成，两栏交叉处的一格里是两栏表头中标出的两个量的积（至于这些公式的论证，读者可以在力学课本里找到）。

表1　常用力学公式表

物理量	速度 v	时间 t	质量 m	加速度 a	力 F
距离 s	—	—	—	$\frac{v^2}{2}$（匀加速运动）	功 $W=\frac{mv^2}{2}$
速度 v	$2as$（匀加速运动）	距离 s（匀速运动）	冲量 Ft	—	功率 $P=\frac{W}{t}$
时间 t	距离 s（匀速运动）	—	—	速度 v（匀加速运动）	动量 mv
质量 m	冲量 Ft	—	—	力 F	—

注：表格里的“—”表示两者的乘积没有任何意义。

举几个例子说一下这个表格的用法。

当物体匀速运动时，速度 v 乘以时间 t，会得出距离 s（公式为 $s=vt$）。

保持不变的力 F 乘以距离 s，会得到功 W，同时这个功 W 也等于质量

m 和末速度 v 平方的乘积的一半，公式为

$$W = Fs = \frac{mv^2}{2}$$ ①

我们用乘法表时也会得到除法的结果，同样地，在上述这个表格中，也有这样的效果，比如下面这些关系。

（1）在匀加速运动中，速度 v 除以时间 t，会得到加速度 a（公式为 $a = \frac{v}{t}$）。

（2）力 F 除以质量 m，等于加速度 a；同理，力 F 除以加速度 a，那就等于质量 m，公式为

$$a = \frac{F}{m},\ m = \frac{F}{a}$$

假如在解决力学问题时，需要计算加速度，那么就可以利用上述表格列出的包含加速度的所有公式，你会先得到下面这样的公式：

$$as = \frac{v^2}{2},\ v = at,\ F = ma$$

由这些公式还可演变出其他公式：

$$t^2 = \frac{2s}{a},\ s = \frac{at^2}{2}$$

然后就可以从这些公式中找到符合题目要求的公式了。

假如想找出计算力的所有公式，那么由上述表格可以得出下列情况：

$$Fs = W\ \text{（功）}$$
$$Fv = P\ \text{（功率）}$$
$$Ft = mv\ \text{（动量）}$$
$$F = ma$$

这里还有一个不容忽视的问题，即重力 G 也是一种力。因此在看到 $F = ma$ 的同时，也可以列出 $G = mg$，其中 g 为重力加速度。同理，在列出 $Fs = W$ 时，也要知道 $Gh = W$，这表示把重力为 G 的物体提升 h 高度时所做的功。

---

① 公式 $W = Fs$ 只有在力的作用方向和物体运动方向相同时才适用。一般情况下，用到的是比较复杂的公式 $W = Fs\cos\alpha$，这里的 α 表示力的方向和物体运动方向之间的夹角。公式 $W = \frac{mv^2}{2}$ 也只有在物体的初速度为零时才适用。如果初速度等于 v_0，末速度等于 v，那么造成这种速度变化所用的功，就要用公式 $W = \frac{mv^2}{2} - \frac{m{v_0}^2}{2}$ 表示。

步枪的后坐力有多大？

研究步枪的后坐力问题，是应用上一节内容里所列表格的很好例子。枪膛里的火药燃烧产生的压力推动子弹飞出，同时又推动步枪向相反的方向运动，即形成“后坐”现象。那么在后坐力的作用下，步枪向后运动的速度有多快呢？①

根据我们上一章说到的作用和反作用定律，火药燃烧产生的气体加在步枪上的压力（图 10）应该等于该气体加在子弹上的压力，且两者作用的时间相同。

图 10　步枪射击的时候为什么会“后坐”？

从上一节的表 1 里得出，力 F 和时间 t 的乘积等于动量，也等于质量 m 和它的速度 v 的乘积，即 $Ft = mv$。这是物体由静止状态到开始运动时动量定律的数学表达式。此定律的一般形式是：在一定时间内，物体动量的改变量等于同一时间内加在这个物体上的力的冲量，即 $mv - mv_0 = Ft$。其中，v_0 是初速度，F 是保持不变的力。

Ft 的值，对于子弹和枪来说应该是相同的，那么它们的动量也一定是一样的。假如子弹的质量用 m 表示、速度用 v 表示，枪的质量用 M 表示、速

① 枪支的后坐力有多大？曾有媒体报道，一名军事爱好者做了一个有趣的试验，用打枪的方式来推动一艘皮划艇运动。实验者坐在皮划艇上，分别使用手枪、大口径狙击枪和自动步枪朝皮划艇前进的反方向射击，从而推动皮划艇前行。意外的是，枪支的后坐力不仅能将小小的皮划艇推动，在使用大威力的枪支时，还能使皮划艇前行较远的距离，并能通过朝不同方向开枪来控制皮划艇前行的方向。

度用 V 表示，那么它们之间的关系就应该是

$$mv = MV$$

从而得出：

$$\frac{V}{v}=\frac{m}{M}$$

把数值代入此公式：军用步枪子弹的质量为9.6克，射击速度为880米／秒；步枪的质量是4 500克。由此可以得出$\frac{V}{880}=\frac{9.6}{4\ 500}$，步枪向后运动的速度 $V = 1.9$ 米／秒。对于不会射击的人来说，这样的后坐力会产生强烈的冲撞，甚至造成射击者受伤。

日常经验和科学知识一样吗？

研究力学时，我们会发现一个令人惊奇的现象，许多简单的事情在科学研究中跟在现实生活中有很大的差别。有一个典型的例子就是，如果一个物体上恒定地作用着同一个力，这个物体会如何运动呢？按照“常识”，我们会认为这个物体在同一个力的作用下以相同的速度运动，即做匀速运动；反之，如果一个物体在做匀速运动，那么它一定是受到一个恒定不变的力的作用。汽车、机车等的运动似乎就是这样的。

然而，力学的解释跟上面的解释是完全不同的。从力学上来说，一个固定的力所造成的不是匀速运动，而是加速运动，因为这个力在原来已经积累起来的速度上继续增加着新的速度。而匀速运动的物体受到的是平衡力作用或不受力的作用，不然它就不会做匀速运动了（参考第一章的内容）。

难道日常观察到的现象竟然存在这么大的错误吗？

不是的，这些观察不完全是错误的，它们在一定的条件下还是合理的。在日常生活中，所有物体都会受到摩擦力和介质阻力的影响，而力学定律所说的，却是物体自由运动时的状态。要想在有摩擦阻力的情况下保持物体的速度不变，就需要给物体加上一个保持不变的力，这个力不是用来使物体运动的，而是用来克服物体运动所受到的阻力。也就是说，是为了给物体做自由运动创造条件（图 11）。因此，假如一个物体在有摩擦力等阻力的情况下做匀速运动，那它一定受到了持续不变的力的作用，这一点是毋庸置疑的。

图 11　火车匀速运动时，机车的牵引力克服了对运动的阻力

由此，我们可以发现日常经验的问题所在：它的结论是在一个不完备的条件下得出的。而科学的论断却有它特定的基础条件。科学的力学定律不仅能从汽车或机车的运动中得出，也可以从行星和彗星的运动中得出。要想得到正确的判断，就要扩大视野，把偶然和事实区分开来。只有这样才能认清现象的本质，并有效地运用到实践中。

接下来我们会研究一些现象，你能清楚地看到一个自由运动的物体，它受到的推力的大小跟它运动的加速度之间的关系，这也是第一章中我们讲到的牛顿第二定律确定的关系。下面要说的例子尽管是一种假设的情形，却能很好地表现现象的本质。

炮弹在月球上的速度是多少？

在地球上，大炮可以把炮弹以 900 米 / 秒的速度射出。如果我们把大炮放在月球上，大炮能用多大的速度把炮弹射出？（不考虑月球上因没有空气而产生的差异）

许多人在解决这个问题时，经常会这样回答：既然火药的爆炸力在月球上和在地球上相同，而炮弹在月球上受到的重力只等于在地球上的$\frac{1}{6}$，那么月球上炮弹的速度一定会比地球上的大，应该是地球上的 6 倍：$900\times6=$ 5 400（米 / 秒）。换句话说，月球上的炮弹会以 5.4 千米 / 秒的速度射出。

这样的解释看似很有道理，但实际上是错误的。

因为在力、加速度和重力之间，根本没有以上分析中所认定的那种关系。在牛顿第二定律中，跟力和加速度有关的，不是重力，而是质量：$F = ma$。在月球上，炮弹的质量根本没变，跟在地球上是一样的，因此炮弹的加速度也应该跟地球上的一样。既然加速度和距离相同，那么速度自然也相同（关于这一点，也可以由式子 $v = \sqrt{2as}$ 得出，其中 s 表示炮弹在炮膛里的活动距离）。

综上所述，我们可以得出，大炮在月球上射出炮弹的初速度跟在地球上是一样的。至于炮弹在月球上能够射多远或者多高，那就是另外一个问题了。在这个新的问题中，月球上炮弹受到的重力起到了重大的作用。

举例来说，在月球上，以 900 米 / 秒的速度竖直向上射出的炮弹，可以达到的高度可以用公式 $as = \frac{v^2}{2}$ 求得，这个公式可以在本章的表 1 中找到。物体在月球上受到的重力要比地球上的小，是地球上的 $\frac{1}{6}$，即 $a = \frac{g}{6}$，于是上面的式子可以写成 $\frac{gs}{6} = \frac{v^2}{2}$，那么炮弹上升的距离为 $s = 6 \times \frac{v^2}{2g}$。在地球上，如果不考虑空气的阻力，那么 $s = \frac{v^2}{2g}$。可以得出，无论是在月球上还是在地球上，炮弹的初速度是一样的，但是在月球上炮弹射出的高度是在地球上的 6 倍（不考虑空气的阻力）。

子弹在海底的射出速度是怎样的？

菲律宾群岛的棉兰老岛附近，海洋深度大约为 11 000 米，是海洋里最深的地方之一①。

假设在这么深的海底，有一支气枪已经上好了子弹，枪膛里也有了压缩的空气。

那么，扣动气枪的扳机，子弹是否会以和陆地上一样的速度射出？［假定气枪子弹的射出速度与七星手枪（能装七发子弹的手枪）的一样，也是

---

① 马里亚纳海沟是目前已知的世界上最深的海沟，深度为 11 034 米，它位于菲律宾东北、马里亚纳群岛附近的太平洋底，是地球的最深点，如果把世界海拔最高的珠穆朗玛峰放在沟底，峰顶将不能露出水面。1960 年，美国“的里雅斯特”号探海艇创造了潜入海沟 10 911 米的纪录。2020 年 11 月 10 日 8 时 12 分，中国“奋斗者”号载人潜水器成功地在马里亚纳海沟坐底，下潜深度为 10 909 米。

270 米 / 秒。]

在海底，子弹在射出的瞬间会受到两个方向相反的压力作用，分别是水的压力和压缩空气的压力。如果水的压力比空气压力大，子弹就射不出去；相反，如果水的压力小于空气的压力，子弹就能射出去。因此要先计算出这两个压力的大小。作用在子弹上的水的压力，可以这样算出：每 10 米水柱的压力相当于一个标准大气压，即每平方厘米上有 10 牛顿的压力，那么 11 000 米水柱产生的压力为每平方厘米 11 000 牛顿。

假设这支气枪的口径（枪膛的直径）与七星手枪一样，都是 0. 7 厘米，那么它的截面面积是 $\frac{1}{4}\times3.14\times0.7^2\approx0.38$（平方厘米），这个面积上受到的水的压力等于 $11\,000\times0.38=4\,180$（牛顿）。

接下来就要计算压缩空气的压力大小了。前提是，要假设子弹在枪膛里做匀加速运动，求出一般情况下子弹在枪膛里的平均加速度。实际中子弹当然不会是匀加速的，这里的假设只不过是为了让人更容易理解和简化演算。

从本章的表 1 里可以找到公式 $v^2=2as$，其中 v 表示子弹在枪口时的速度，a 表示所求的加速度，s 是子弹在压缩空气的作用下所运动的距离（即枪膛的长度，假设为 22 厘米）。把 $v=270$ 米 / 秒和 $s=22$ 厘米 $=0.22$ 米代入式子，$270^2=2a\times0.22$，得出 $a\approx165\,000$ 米 / 秒 ^{2}。我们不用惊奇这个加速度数值的巨大，因为一般情况下子弹是在非常短的时间内跑完枪膛全程的。

现在知道了子弹的加速度，假设它的质量是 7 克，那么就能求出产生这个加速度的力：$F=ma=7\times10^{-3}\times165\,000=1\,155$（牛顿）。

综上所述，子弹在发射的瞬间受到了 1 155 牛顿的力推动，同时也受到了 4 180 牛顿的水的压力阻挡。因此，子弹是射不出来的，而且还会被水的压力推向枪膛的更深处。要想突破这么大的水的压力，一般气枪是不能实现的，但是可以通过现代科技创造出威力更大的气枪，这种可能性还是很大的。

移动地球需要多大的力量？

曾经流传着这样一种说法：一个小的力是不能移动质量极大的自由物体的。这种看法被很多没有充分研究力学的人认可。而这种认知当然是错误的。力学已经向我们证明：只要这个物体是自由物体，那么一切力，即使是很微小的力，也可以使物体（即便是非常重的物体）产生运动。事实上，包含这个意思的公式我们已经不止一次地用过，那就是 $F = ma$。通过这个公式可以得出：

$$a = \frac{F}{m}$$

通过这个式子，我们知道，加速度只有在力 F 等于零时才等于零。因此，一切力都能使任何自由物体产生运动。

然而，在现实中人们是看不到这种现象的。原因就在于现实中存在着摩擦，会形成对物体运动的阻力。换句话说，现实中没有自由物体，我们看到的物体运动几乎都是不自由的。要想在存在摩擦的情况下使物体运动，就要施加比摩擦力更大的力。

在大自然中，不受摩擦力和介质阻力作用而运动的物体，即完全自由运动的物体，几乎是没有的。如果说有的话，要把视野再扩大些，只能说一般天体如太阳、月球，甚至包括地球等行星是自由运动的物体。那是不是说，用一个人的力量就能推着地球运动了呢？理论上当然是可以的，你自己运动，同时也能带动地球运动。

举例来说，当我们从地面上高高跳起时，我们使自己的身体得到了速度，同时也使地球向相反的方向运动。但是这里有一个问题：地球的这个运动，它的速度是多少呢？根据作用和反作用定律，我们作用在地球上的力应该等于我们让自己身体向上跃起的力。这两个力的冲量相等，所以我们的身体和地球所受到的冲量大小也就相等。假设 M 代表地球的质量，V 代表地球的速度，m 表示人体的质量，v 表示人体的速度，那么就可以用这个式子表示：$MV = mv$，从而 $V = \frac{m}{M}v$。因为地球的质量比人体的质量大很多，人给地球的速度一定比人跳起的速度小很多。这种大很多、小很多并不是简单的字面上的意思，其实，地球的质量也是可以测量出来的[①]，因此也就能求出地球在某一情况下的速度。

地球的质量大约是 6×10^{24} 千克，人的质量假设为60千克，那么 $\frac{m}{M}$ 的值是 $\frac{1}{10^{23}}$。也就是说，地球的速度为人跳起速度的 $\frac{1}{10^{23}}$。假设人跳起的高度 $h=1$ 米，人的初速度是 $v=\sqrt{2gh}=\sqrt{2\times9.8\times1}\approx4.4$（米/秒），那么地球的速度就是 $V=\frac{1}{10^{23}}v=\frac{4.4}{10^{23}}$（米/秒）。得出的这个数值非常小，但不管多小，它依然不是零。如果想更直观地看出这个量的大小，我们可以假设地球一直保持这个速度运动极长的一段时间，比如十亿年（我们已经知道，地球的实际寿命比这长很多）。那在此期间，地球会移动多远的距离呢？这可以用下列式子算出：$s=vt$。其中取 $t=10^9\times365\times24\times60\times60\approx31\times10^{15}$（秒），得到 $s=\frac{4.4}{10^{23}}\times31\times10^{15}=\frac{4.4}{10^3}$（米）。对地球来说，十亿年移动如此短的距离，人的肉眼是分辨不出来的。

实际上，地球并没有保持因人体跃起所得到的速度。人的脚离开地球的瞬间，人的运动速度就在地球的引力作用下开始减小了。假设地球用600牛顿的引力吸引人体，那么人体也会用同样的力吸引地球，因此随着人体速度的减小，地球得到的速度也会随之减小。这两个速度同时减小至零。

理论上，一个人可以用自己的力量移动地球，但这里有个条件，那就是必须找到一个跟地球没有关联的支点，如图12所示。不过，不管艺术家如何幻想这样的画面，他终究不能说明那个人的两脚究竟站在什么地方。

图12　人可以使地球移动，只要找到一个跟地球没有任何关联的支点

① 关于这一点，参看本书作者的另一本书《趣味天文学》中“怎样称量地球”一节。

新型飞行器为什么飞不起来？

发明家如果想在技术上有什么突破，他就不能仅靠空想，而是要接受严谨的力学定律指导。不能片面地认为，发明的思想只要不违背共同的规则——能量守恒定律就可以了。实际上，还有另外一个原理也不容忽视，否则也会让自己走入死胡同，徒劳无功，这个原理就是重心运动定律。

重心运动定律表明，物体（或物体系统）重心的运动不会在内力的作用下改变。举个例子，假如一颗炮弹被射出后，它在空中爆炸了，那么炸开的碎片在到达地面之前，它们作为一个系统的共同重心仍然会沿着炮弹重心所移动的线路移动（前提是不考虑空气阻力）。有个特别情形还需注意：如果一个物体的重心最初是静止的，那么任何内力都不能让它的重心移动。

上一节内容中，我们分析了一个人用自己的力量不可能让地球运动的问题，其实也可以用重心运动定律来解释说明。

人作用在地球上的力与地球作用在人身上的力都是内力，因此不能引起地球或者人体共同重心的移动。当人体回到地球表面原来的位置时，地球也会回到它原来的位置。

下面这个例子很有意思。这个例子会向你证明，如果忽略前面所说的那个定律，就会使发明走入“歧路”。

发明家设计了一种新型飞行器，发明家说：“如果有一根闭合的管子（图13），它由两部分组成，一部分是平直的 *AB* 段，一部分是弧形的 *ACB* 段。管子里装有一种液体，液体不停地向同一个方向流动（可以在管子里装螺旋桨推动）。那么，液体在管子的弧形部分 *ACB* 段流动时会产生离心力，压向管子的外壁，即力 *P*（图 14），这个力的方向是向上的，而它不会受到其他相反方向的力作用，因为液体在管子的直线部分 *AB* 段内流动时是不会产生离心力的。”于是发明家得出结论：在液体流速足够大的情况下，力 *P* 就会牵引着这个装置向上腾起。

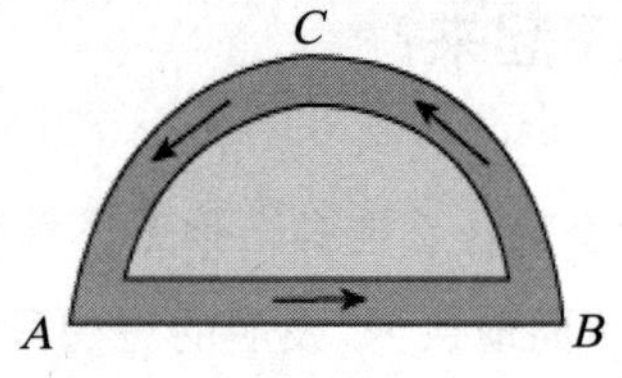

图 13　新型飞行器的设计

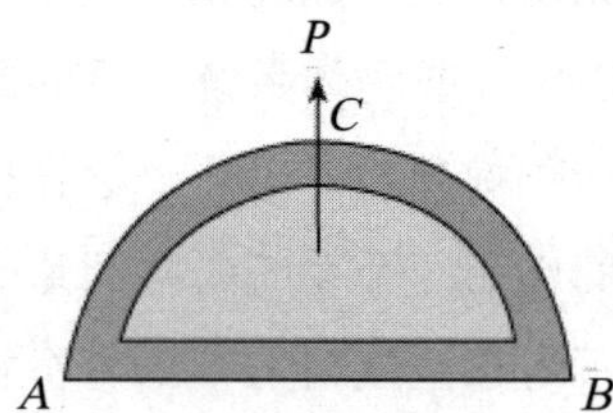

图 14　力 *P* 会牵引着整个装置向上腾起?

发明家的这种设想对吗？我们不用去细心研究这个装置，就可以判断它肯定是不会动的。因为这个作用力是内力，所以整个装置系统（即管子连同里边的液体及让液体流动的装置）的重心都不会移动，自然也飞不起来。发明家的推理产生了重大的疏漏。

这种疏漏在于，他没有注意到，离心力不但发生在管子的弧线部分 *ACB* 段，还发生在液体转弯的 *A*、*B* 两点（图 15）。这两点的曲线路径虽然不长，但弯度却很陡急（曲率半径很小）。我们知道，转弯越急（曲率半径越小），离心效应越大。因此，在转弯的地方应该还有两个力 *Q* 和 *R*，这两个力是向外作用的，并且它们的合力向下，这样就把力 *P* 给平衡掉了。发明家恰恰疏漏了这两个力，才造成他的推理错误。其实，即使发明家没有注意到这两个力，只要他知道重心运动定律，也会明白自己的设计不会成功。

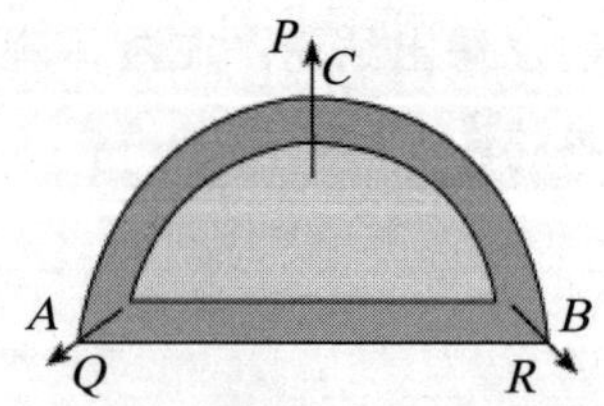

图 15　这个装置飞不起来的原因分析

火箭的重心在哪里？

也许有人会认为，喷气式飞行器打破了重心运动定律。科学家能让火箭飞上月球——只在内力的作用下飞上月球。在这种情况下，怎么解释重心运动定律呢？火箭飞上月球，很明显它的重心也一起飞到了月球上，而它的重心不久之前还在地球上。还有比这更明显的对重心运动定律的破坏吗？

难道没有什么可以驳倒上面的论断吗？当然是有的。因为上面的论证是在产生误会的基础上得出的。假如火箭喷出的气体不碰触地面，它就根本不能把自己的重心和自己带到月球上。飞到月球上的，只是火箭的一部分，其余的部分——燃烧的产物——却向相反的方向运动，整个系统的惯性中心①仍然停留在火箭飞起前的地方。

现在，我们要重申一个事实，即喷出的气体并不是做毫无阻碍的运动，而是冲击到了地球上。如此一来，整个地球就包含在了火箭系统里。那接下来就应该讨论在地球－火箭这个巨大系统里的惯性中心是否还留在原来的地方。因为气流对地球（或者地球上的大气）产生冲击，所以地球会发生移动，尽管这个移动距离很微小，但整个系统的惯性中心会向着与火箭运动相反的方向移动一些。又因为地球的质量是火箭质量的很多倍，地球发生的微小移动已经足够把地球－火箭系统的重心因火箭向月球飞行所产生的移动抵消了。地球移动的距离比火箭向月球移动的距离小很多。地球的质量是火箭质量的多少倍，地球移动的距离就是火箭到月球距离的多少分之一。

这里我们可以看到，即使在如此特别的情况下，重心运动定律依然没有失去它的意义。

---

① 由几个物体或者许多粒子组成的系统，力学上一般不说它的重心，而说系统的惯性中心。如果整个系统跟地球相比很小，可以认为惯性中心与重心相合。

第三章　重　力

如何探测地球的核心？

悬锤和摆，虽然是科学仪器中最简单的两种（至少原理上是这样），但是令人惊奇的是，利用这两种简单的仪器，竟然可以得到超乎想象的结果：在这两种工具的帮助下，人们可以窥探地球的核心，了解深入地下几十千米的情况。即使我们使用世界上最深的钻井，也不过是了解地下几千米，但利用悬锤和摆这两种科学探测工具，在地面上就能知道更深地层的信息。

悬锤的用途，在力学上并不难理解。假如地球的质量是均匀的，那么悬锤在任何一个地方的方向都可以得出。然而，地球表面或者地底下的质量分布并不均匀，这就在理论上改变了悬锤的方向（图 16）。

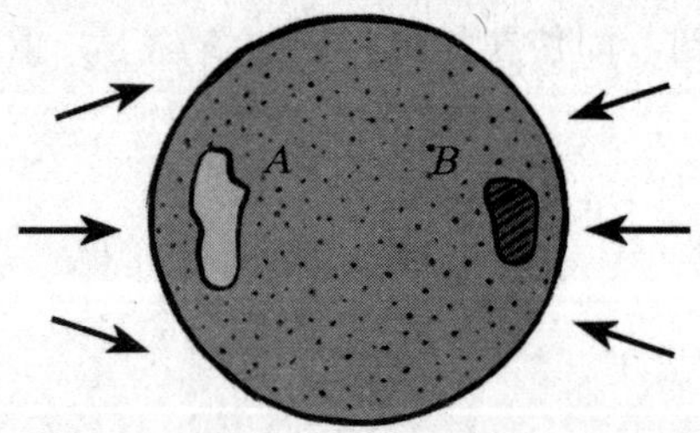

图 16　地层里的空隙和密层，都能使悬锤偏斜

举例来说，在高山附近，悬锤会向山的一面倾斜，虽然这种倾斜的幅度并不会很大。一般而言，山的高度越小，质量越大，悬锤的偏斜幅度也越大（图 17）。相反，地层内的空隙似乎对悬锤有排斥作用：悬锤会被周围的

质量吸引到相反的方向（此时，排斥力的大小等于空隙被填满时填充物所产生的引力）。不只空隙会排斥悬锤，当地层中蕴藏物质的密度比基本地层的密度小时，悬锤也会受到排斥，只不过排斥力比较小。如此一来，利用悬锤就可以帮助我们判断地球内部的构造。

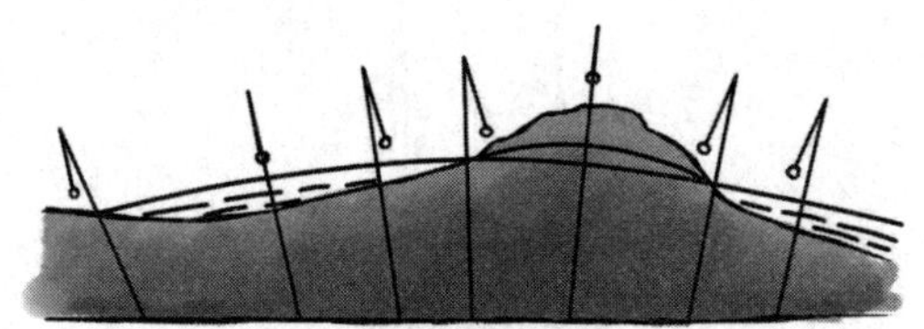

图 17 地面高低和悬锤方向的变化

从某种意义上来讲，摆的功用更大。它有如下性能：如果摆动的幅度在一定范围内（可以理解为摆动的幅度不超过几度），它每一次摆动的时间（周期）跟摆幅的大小无关。无论摆动幅度大或小，摆的周期都是相同的，因为摆的摆动周期只与摆的长度和摆所处地球位置的重力加速度有关。当摆小幅度摆动时，一次全摆动（摆过来摆过去）所用时间即周期 T，跟摆长 L 和重力加速度 g 之间的关系可用下列公式表示：

$$T = 2\pi\sqrt{\frac{L}{g}}$$

在计算时，假如摆长 L 的计量单位是米，重力加速度 g 的计量单位是米 / 秒 ^{2}，那么得到的周期单位就是秒。

在研究地层构造时，假如使用“秒摆”，即每秒摆动一次（向一个方向摆动一次，一来一去算两次）的摆，就会有下面这个关系：$\pi\sqrt{\frac{L}{g}} = 1$，所以 $L = \frac{g}{\pi^2}$。

从这里可以看出，重力的任何变动都会影响摆的长度，因为只有摆长增加或缩短，才能准确地做到一秒钟摆动一次。即使重力与原来相比发生了几万分之一的变化，也可以用这种方法探测到。

这里不描述如何使用悬锤和摆来做研究的技术，只介绍两个很有趣的结果。

假设，在海岸边放一个可变引力计来做实验，如图 18 所示。乍一看，悬锤应该偏向陆地，就跟它偏向高山的情况一样。但实际上并没有出现这种情况。摆证明了，海洋和海岛上的重力作用要比海岸边的大，而海岸边的重力作用又比纵深处的陆地上的大。这说明，陆地之下的地层物质比海洋底下的要轻。地质学家们就是通过这种方法来推测地球外壳的岩石的。

图 18　右上是可变引力计，左上是仪器构造的示意图

这种研究方法在查明所谓“地磁异常区[①]”的原因时，起到了决定性的作用。

目前，科学上有了更精确计算重力异常的新方法。地球并不是一个规则的球形，它在构造上也不均匀，这些都影响着人造地球卫星的运动。从理论上讲，人造地球卫星在山脉上方或者在密度比较大的地层上空飞行时，它会

① 地磁异常，又称为磁力异常，是由于地磁场的内源受地壳结构的不对称、某些岩石或矿物磁性的影响而产生的。神秘的百慕大三角，据说 1945 年以来已有数以百计的飞机和船只在这片海域失踪，对这种异常的各种解释中，比较有代表性的就是磁场说。我国四川乐山的黑竹沟也是一个指南针失灵、多次发生人畜神秘失踪的神秘之地，素有“中国的百慕大”之称，专家学者研究后发现，这里有一条长达 60 千米的地磁异常带。

受到这些质量比较大的物体的吸引而略有下降，运动速度则会相应增大。当然，这种效应只有在卫星在地面以上一定高度的太空中飞行时才能记录得到。

钟摆在水中的速度是怎样的?

假设挂钟的钟摆在水里摆动，摆锤为流线型，可以使水对它的阻力几乎为零，那么钟摆的摆动周期比在水外时是长些还是短些呢？也可以这样理解：钟摆在水里比在空气里摆得快些还是慢些？

既然钟摆受介质阻力的影响很小，好像没有什么能够改变它摆动的速度，但实验却告诉我们，在这种情况下，钟摆的摆动比起受介质阻力影响的时候还要慢。

这谜一般的现象，竟然可以如此解释：水对浸在水里的物体有排挤作用，它仿佛减小了摆受到的重力，却没有改变摆的质量。因此，摆在水里的情况，和把摆放到一个重力加速度比较小的外行星上的情况类似。由前面讲过的公式 $T = 2\pi\sqrt{\frac{L}{g}}$ 可知，重力加速度减小的时候，摆的周期 T 会变长，即摆的速度要减慢一些。

斜面上的滑动速度

在斜面上放一个容器，容器里面装有水（图 19）。当容器静止不动时，水面 AB 是水平的。假设容器在润滑非常好（不考虑摩擦）的斜面 CD 上向下滑，那么，容器里的水面在容器滑动时是否保持水平？

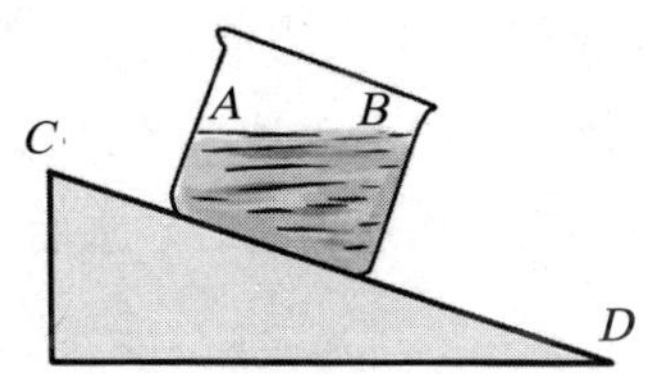

图 19　盛水的容器沿斜面滑动，水面会变成什么样?

通过实验得知，如果斜面不产生摩擦，容器沿斜面运动时，水面跟斜面是平行的。

每个水的质点所受的重力 G（图 20）可以分解成两个分力 Q 和 R。R 使容器沿 CD 运动，此时水的质点对容器壁的压力和容器静止时是一样的（因为容器和水的运动速度相同）。力 Q 则使水的质点压向容器底。各个质点的力 Q 对水的作用与重力对一切静止液体的质点的作用相同，因此水面跟力 Q 垂直，跟斜面平行。

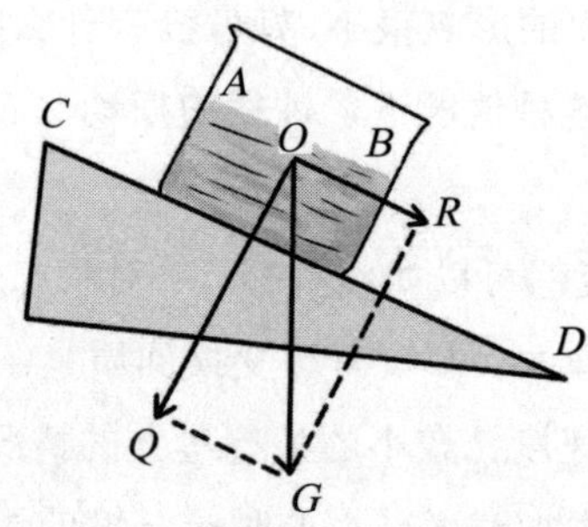

图 20　图 19 所示题目的答案

如果有摩擦作用，容器在斜面上匀速滑下去，此时水面又有什么变化呢？

此时，水面在容器里已不是倾斜的了，而是水平的。这根据下面的理论就能得出：匀速运动的物体不可能在机械现象方面产生跟静止状态下不同的变化。

那么，用我们解释第一种假设时的理论，是否也能解释得通呢？答案是：当然能解释得通。容器在斜面上做匀速运动时，容器壁的质点没有产生加速度，容器里水的质点在力 R 的作用下压向容器的前壁。水的每一个质点都在力 Q 和 R 的作用之下，两个力的合力就是质点所受的重力 G，而 G 沿竖直方向作用。这就是此种情况下，水面是水平的道理。只有在刚开始运动，容器还没有达到匀速运动，还在加速运动时，水面才会有短时间的倾斜。

“水平”线什么时候不水平？

假设上一节内容中，在没有摩擦的下滑容器内装的不是水，而是人，并且人的手里还拿着一个木匠用的水平器，他会看到很令人惊奇的现象。他的身体和静止时一样，也是贴向容器底，只不过现在是倾斜的；跟容器处于静止状态时贴向容器底一样，只是力小了些。对这个人来说，容器底的倾斜面似乎是水平的。而在运动之前他以为是水平的方向，现在看来已经是倾斜的了。在他面前，一切都不寻常：房屋、树木是倾斜的，池塘的水面也是倾斜的，所有的景物都是倾斜的。如果这个人不相信自己眼睛看到的，把水平器放在容器底，上面显示的结果会告诉他容器底是水平的。总之，这个人的“水平”方向跟一般情况下的水平方向不一样。

现实中，只要我们没有意识到我们身体相对于竖直状态有了倾斜，就会认为周围的事物都是倾斜的。飞机驾驶员在飞机转弯时和人在骑旋转木马时，会觉得整个环境都是倾斜的。

有时候，当你在水平道路上行走，而不是在倾斜的道路上行走时，你也会有失去水平状态的错觉。比如，在火车进站或者出站时，就会出现这种情形。而且一般来说，当火车做减速或加速运动时，都会有这种现象发生。

当火车开始减速时，你可以观察到：地板好像在火车运动方向上低了下去。此时你在火车上向朝火车运行的方向行走，就会觉得自己是在向低处走去。如果此时你朝与火车前进方向相反的方向行走，又会感觉是在向高处走去。当火车从车站出发时，地板却像是朝与火车运动方向相反的方向倾斜。

要证明地板平面相对于水平面有了倾斜，可以做这样一个实验：在火车上放一个盛着黏稠液体（比如甘油）的杯子，当火车加速运行时，液体表面会显出倾斜。现实中，我们也能在机车的流水槽中看到这种现象，如果在雨中，当火车进站时，流水槽中的积水会流向前方；当火车启动时，水槽里的积水又流向后方。之所以会这样，是因为水面会跟着火车加速度方向反向升高。

如此有趣的现象，让我们一起来研究一下其原因。坐在火车里的人跟火车一起做加速运动，相对来说，他与火车是相对静止的。当火车加速运动时，火车里的人自认为静止的时候，他会感觉到车辆对他的身体施加了压力（或者座位带动身体向前的作用），就像是他自己用相等大小的力靠在车壁上（或是座椅上）。他受到两个力的作用：跟火车运行方向相反的力 R 和他压向地板的重力 P（图 21）。

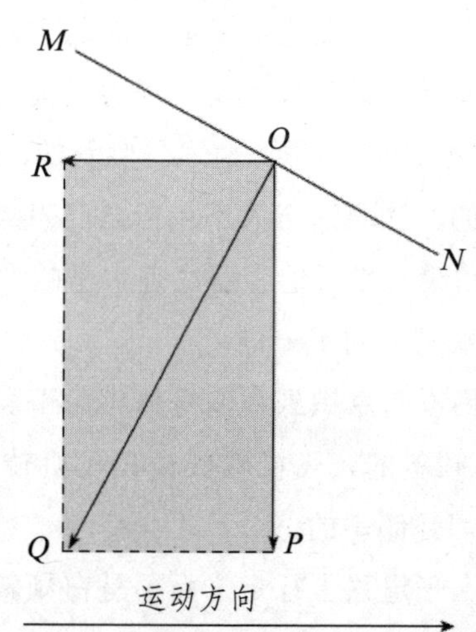

图 21　人在加速运动的火车里受到哪些力的作用？

这两个力的合力 Q 的方向就是此时我们认为竖直的方向，而与力 Q 垂直的 MN 方向对我们来说似乎是水平的。因此，原来是水平方向的 OR 似乎向运动方向升起；若沿相反的方向看，则 OR 好像是降低了（图 22）。

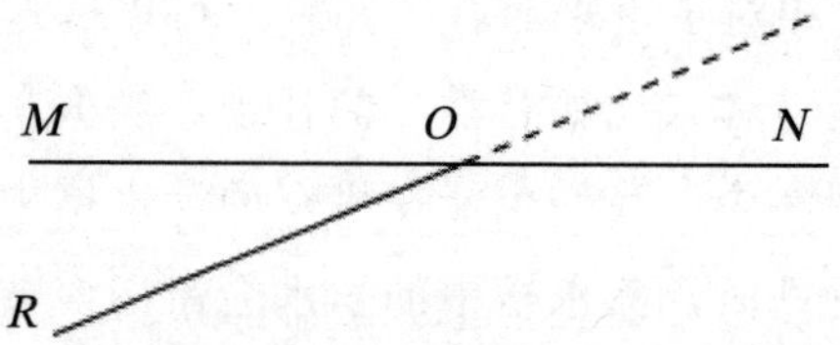

图 22　为什么火车启动的时候，地板似乎变成倾斜的了？

在这种情况下，如果有碟子盛着液体，会发生什么现象呢？我们已经知道新的“水平”方向跟液体原来的水平面不一致，现在的“水平”方向是沿 MN 线的（图 23）。图中箭头表示火车运行方向。在火车出发时，假如按照新的“水平”位置倾斜（图 23 下），水就会从碟子的后缘（车辆流水槽的后端）溢出。同样的原理，你就可以明白汽车启动时站在车里的乘客为什么会后仰了（图 24）。这个现象一般都被解释为：两脚被车辆地板带动了，而头和身体还处于静止状态。

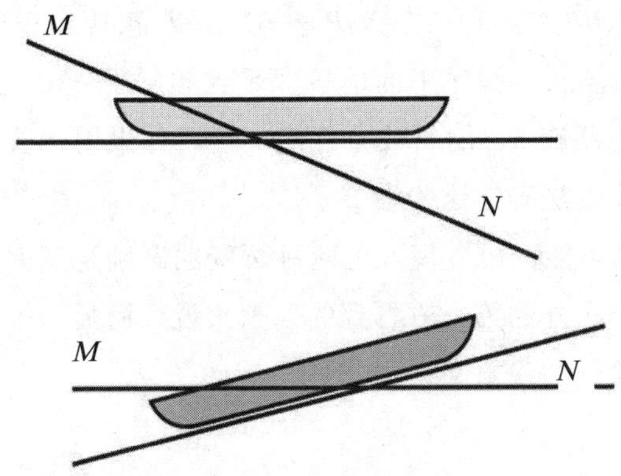

图 23 在加速运动的火车里，液体要向碟子的后缘溢出

图 24 汽车启动的时候，乘客会后仰

伽利略也支持这个类似的解释，我们可以从其笔记中看出：

> 假如一个盛水的容器在做着直线运动，一会儿是加速，一会儿是减速，并不是匀速运动的话，这样的后果是：水并不完全跟容器的运动一致。当容器减速的时候，水还在保持原来的速度，所以就会向前端流去；而当容器加速的时候，水还是保持原来缓慢的速度，流落下来，所以后端的水就会升高。

一般来说，这种解释与上面所说的都是符合实际情况的。不过从科学的角度来说，一个解释不但跟实际情况符合，还能从量上计算出来，就更有价值了。我们上面所说的这个现象，就可以从量上来计算。假设火车从车站开出时的加速度是 1 米 / 秒 ^{2}，新、旧两竖直线的夹角 $\angle QOP$（图 21）可从三角形 QOP 中算出，三角形中 $QP:OP=1:9.8\approx 0.1$（力跟加速度成正比），$\tan\angle QOP=0.1$，$\angle QOP\approx 6^\circ$。即悬挂在车厢内的重物，在开车时会做 6° 的倾斜。脚底下的地板似乎也倾斜了 6°，因此人在车厢内行走时，就会感觉跟在 6° 的斜坡上行走一样。如果用一般的解释来说明这个现象，我们就没办法确定这些细节了。

当然，读者也可能已经发现，这两种解释的区别是观察点不同：一般的解释是以站在火车之外的第三方看到的现象来说，而另一个解释是以亲自参与到加速运动中看到的现象来说。

汽车为何会自动上坡?

在美国的加利福尼亚有一座山，当地的汽车司机们认为它有磁性。在这座山的山脚下，一段大约 60 米长的公路上会发生一种异常的现象。这段公路是倾斜的，可是当汽车在这个斜坡上向下行驶时，如果关掉发动机，汽车就会向后退，即在斜坡上向高处退，就像是受到山的“磁力吸引作用”一般（图 25）。

图 25　加利福尼亚的所谓磁山

此山的神奇之处已被世人认可，在这段公路旁还树立了木牌，专门说明这个现象[①]。

当然，也有人怀疑这座大山是否真的能够吸引汽车。为了验证这一现象，有人对这段公路进行了平准测量。结果出人意料：人们一直以为是上坡的地方，竟然是有 2° 坡度的下坡路。这样的坡度，加上平整的路面，汽车自然可以关闭发动机滑行。

在山地上，这种视觉上的错觉很常见，因此产生了很多传说。

河怎么会向山上流？

有旅行家说，有的河流的水会顺着斜坡向上流。这种现象也可以用视觉上的错觉来解释。这里我们可以摘录一些生理学上的话来说明。

我们判断某一地方是否水平，或者是向下倾斜还是向上倾斜时，许多时候会出现判断错误。比如，我们行走在一条稍稍往下倾斜的道路上，看到不远处跟这条路相交的另外一条路，我们常常会觉得那条路的上升坡度比实际更大，但实际上，那条路的上升坡度并没有我们感觉的那样大。

这个错觉可以这样解释：我们把脚下的路看成是基准面，用这个基准面来测量别的方向的斜度，就会不自觉地把这个基准面看成是水平面，而在看其他道路的坡度时就在无形中将其夸大了。

之所以会产生这种现象，是因为在走路时，我们的肌肉对 2°～3° 的坡度不会完全感觉得到，甚至还会产生错觉。这种现象经常会在地面不平的地方出现：小河仿佛向山里流去。

下面这段文字也是摘录自那本书。

> 在靠近小河处行走，顺着微微倾斜的道路下坡时，如果小河的水面坡度很小（图 26），河水几乎水平地流动时，我们常常会以为河水沿着斜坡

① 国内外有很多这种怪坡现象。1990 年，我国发现了最早的怪坡——沈阳市新城区的寒坡岭，长约 80 米，宽约 15 米，呈西高东低的任意坡走势。此外，加拿大的磁山、韩国的济州岛也有类似的景点。

向上流去（图 27）。此时，我们是把道路看成水平的了，因为我们习惯把自身站立的平面看成是水平的基准，以此来判断其他平面的倾斜情况。

图 26　靠近小河的微微倾斜的道路

图 27　步行的人在路上觉得河水在向上流

铁棒会停在什么位置？

在一根铁棒的正中间钻一个小孔，然后将一根牢固的细金属丝穿过小孔，使铁棒能像绕水平轴一样转动（图 28）。如果让铁棒转动，它会停留在什么位置上？

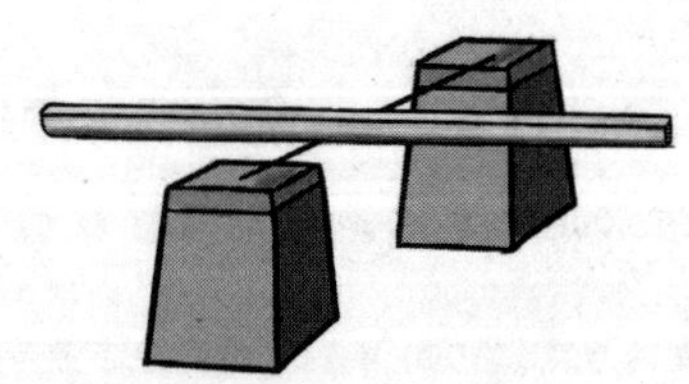

图 28　铁棒处于水平位置时是平衡的，假如转动它，它会停在什么位置？

很多人会说铁棒将停留在水平位置上，因为“这是维持平衡的唯一位置”。很难让这些人相信，这根铁棒在任何位置上都能保持平衡。

为什么这么简单的事实，很多人却不相信呢？因为一般人经常看到的，都是在棒的中央栓一根线后挂起来的情况——这种棒的确需要在水平位置上才会保持平衡。由此，很多人就会武断地下结论，认为贯穿在轴上的铁棒也需要在水平位置上才能保持平衡。

然而，用线挂起来的棒和贯穿在轴上的棒，情况是不一样的。穿孔支撑在轴上的棒，是支撑在它的重心上的，因此处于随遇平衡状态。而悬挂在细线上的棒，悬挂点并非在它的重心上，而是在比重心高一些的地方（图29左）。这样的悬挂物，只有在其重心跟悬挂点在同一竖直线上时，即当棒在水平位置上时才能保持静止。棒倾斜时，它的重心就会离开竖直线（图 29 右）。正是这个常见的现象误导了很多人，使他们不能理解水平轴上的铁棒能在倾斜位置上保持平衡。

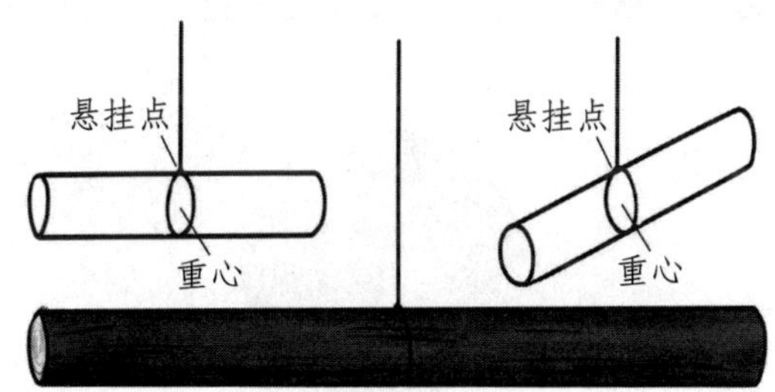

图 29 为什么在中央位置用线挂起的棒只能在水平位置保持平衡？

第四章　下落和抛掷中的力学

人利用“跳球”可以跳多高？

在童话中，“七里靴”[1]很是神奇。现实中，倒是可以用一种独特的方式把这种神奇变成事实：在一个直径为 5 米的气球内充满氢气，然后把运动员吊在气球下方，他就可以跳得很高很远（图 30）。不用担心气球会飞到高空中去，因为这个气球带来的升力要比人所受的重力小些。

图 30　“跳球”

一名运动员利用这种“跳球”可以跳多高呢？计算一下，也是很有趣的。

① 法国作家马赛尔·埃梅创作的童话中的神奇靴子，穿上它可以一步跨七里。

假设人体受到的重力比气球带来的升力大 1 千克力[①]。换言之，使用这种气球的人的体重可以看成只有 1 千克，约合正常体重的$\frac{1}{60}$。那么，这个运动员是不是也能跳 60 倍高呢？

我们计算一下就知道了。

系着气球跳起的人，受到的向下合力是 1 千克力，即约 9. 8 牛顿。气球本身质量约 20 千克。也就是说，9. 8 牛顿的力量作用在 $20+60=80$（千克）的质量上，所得加速度是 $a=\frac{F}{m}=\frac{9.8}{80}\approx 0.12$（米 / 秒 ²）。在正常情况下，一个人就地跳起所能达到的高度一般不超过 1 米，相应的初速度可以根据公式 $v^2=2gh$ 求得，即 $v^2=2\times 9.8\times 1$，从而得 $v\approx 4.4$ 米 / 秒。

身上系着气球的人在跳起时，自己的速度比不系气球时小，这两个速度的比值等于人体质量和人体与气球总质量的比值。（也可以用公式 $Ft=mv$ 来解释这一点，力和此力作用的时间长短在两种情况下相同，那么动量也相同。由此可见，速度和质量是成正比的。）所以，系着气球跳高的初速度为 $4.4\times\frac{60}{80}=3.3$（米 / 秒）。然后，运用公式 $v^2=2ah$ 求出跳的高度：$3.3^2=2\times 0.12\times h$，得 $h\approx 45$（米）。所以，这名运动员如果在正常情况下能跳 1 米高，那么系着气球时就能跳 45 米高。

再把跳跃的时间计算一下，也非常有趣。在加速度为 0. 12 米 / 秒 ² 的情况下，运动员向上跳 45 米高所需要的时间可用公式 $h=\frac{at^2}{2}$求出，即 $t=\sqrt{\frac{2h}{a}}=\sqrt{\frac{2\times 45}{0.12}}\approx 27$（秒）。因此，跳起和落下一共需要 54 秒的时间。

如此缓慢的跳跃自然是因为加速度很小。要想有这样的跳跃感觉，如果不用气球，只能是在重力加速度比地球上小很多（约等于地球的$\frac{1}{60}$）的某个行星上了。

在上面的计算中，以及下面要做的计算中，都完全忽略了空气的阻力。在力学理论中，利用公式可以计算出有空气阻力时跳起的最大高度和所用的时间。在空气中跳跃，不管是跳起的最大高度还是所花的时间，都比在真空中小很多。

我们不妨再计算一下，求出系着气球跳远时能跳到的最大距离。跳远时，运动员跳的方向应该跟水平线成一定角度 α。假如运动员跳出时身体得到一

---

① 1 千克力＝9.80665 牛顿。

个速度 v（图 31）。把这个速度分解成两个分速度：一个竖直分速度 v_1 和一个水平分速度 v_2。这两个分速度的大小分别是：$v_1 = v\sin\alpha$；$v_2 = v\cos\alpha$。

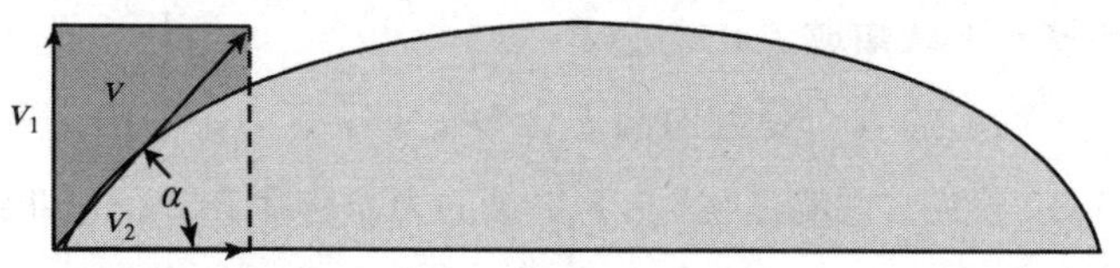

图 31 跟水平线成一个角度抛出的物体的飞行路线

人体在上升过程中，过了 t 秒钟后就停止运动，此时 $v_1 - at = 0$ 或 $v_1 = at$，从而得出 $t = \frac{v_1}{a}$，由此可知，人体上升和落下的时间为 $2t = \frac{2v\sin\alpha}{a}$。而对于分速度 v_2，不管是在上升的时间段里，还是在下落的时间段里，都应该是不变的，它使人体在水平方向匀速前进。这段时间里，人体前行的距离：

$$s = v_2 \cdot 2t = v\cos\alpha \cdot \frac{2v\sin\alpha}{a} = \frac{2v^2}{a}\sin\alpha\cos\alpha = \frac{v^2\sin2\alpha}{a}$$

这样计算出的数值就是跳远的距离。

此距离在 $\sin2\alpha = 1$ 时达到最大值（因为正弦值不可能比 1 大），即 $2\alpha = 90°$，得 $\alpha = 45°$。也就是说，在没有空气阻力的情况下，运动员从地面上向 45° 角方向跳出去，会跳得最远。把 $v = 3.3$（米 / 秒），$\sin2\alpha = 1$，$a = 0.12$（米 / 秒²）代入上述公式，可得：

$$s = \frac{3.3^2}{0.12} \approx 90 \text{（米）}$$

这种能跳 45 米高和能跳 90 米远的跳跃方式，能让人跳过好几层高的房子（图 32）[①]。

图 32 系着“跳球”跳远

① 记住这一点：与竖直线成 45° 角抛出的物体，落下的最远距离等于以同样的初速度竖直上抛所达到高度的两倍。在我们所说的这个例子里，竖直上升的高度是 45 米。

“肉弹”能飞多高？

“肉弹”，是一个很有意思的杂技节目。在这个节目中，先把一名演员放在炮膛内，然后点燃大炮，把演员从炮膛里发射出去，演员在空中划出一道弧线，最后落到距离炮膛 30 米远的网上（图 33）。

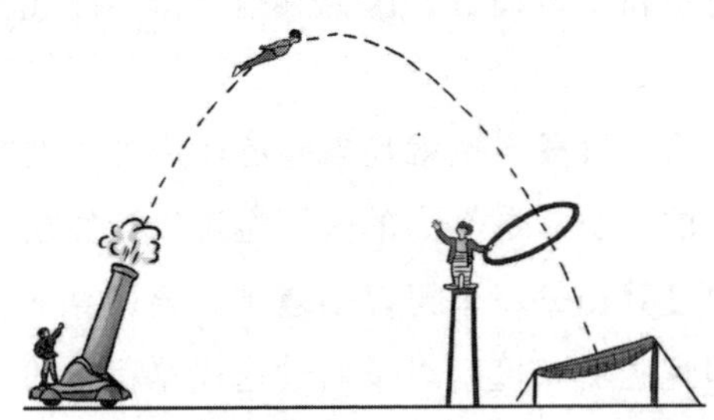

图 33　杂技节目里的“肉弹”表演

在这个表演中，其实说“炮”和“发射”这两个词是不准确的，因为这根本不是真正的炮，也不是真正的发射。在表演时，虽然炮口会冒出一股浓烟，但是这并不是火药爆炸引起的，而是为了增强视觉效果故意制造出来的。把演员抛射出去的动力装置是弹簧，在弹簧把人抛掷出去的同时放出一股浓烟，这就造成一种错觉，仿佛人真是被弹药射出去一般。

图 34 所示是“肉弹”表演的图解，下面是著名的“肉弹”表演者莱涅特做这个表演时的一些数据。

炮筒斜度 ……………………………70°

飞行最大高度 ………………………19 米

炮膛长度 …………………………… 6 米

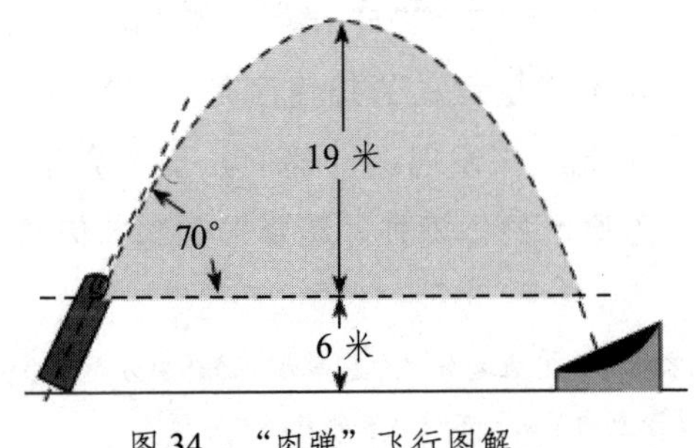

图 34　“肉弹”飞行图解

当演员表演这个节目时，他的身体会感受到一些特别的情况，值得我们注意。在发射的一瞬间，演员的身体像是受到了一个压力，感到体重增大。随后在自由飞行时，演员的身体又像是没有受到重力似的。最后落在网上的那一瞬间，他会觉得重力增大了。这一切演员都承受了下来，并且对健康没有损伤。这种情况值得认真研究，因为乘坐宇宙飞船飞向太空的航天员也会有同样的感受。

在演员表演的第一阶段，也就是当他还在炮膛内的时候，使我们感兴趣的是“人造重力”的大小。这个力的大小也可以计算出来，只要我们能把人体在炮膛里的加速度算出来，就可以知道了。要计算加速度，就得知道人体所通过的路程，即炮膛的长度，以及通过这段路程时的速度。已知炮膛的长度为 6 米。至于速度，也可以计算出，因为我们知道这是能把人体抛到 19 米高的速度。

前一节中列出了公式 $t=\frac{v\sin\alpha}{a}$，其中 t 是上升时间，v 是初速度，α 是抛出物体的倾斜角度，a 是加速度（此问题中 $a=g$）。另外，我们已经知道上升的高度 h。由此根据公式：

$$h=\frac{gt^2}{2}=\frac{g}{2}\times\frac{v^2\sin^2\alpha}{g^2}=\frac{v^2\sin^2\alpha}{2g}$$

可以计算出速度 $v=\frac{\sqrt{2gh}}{\sin\alpha}$。

式中所有数值均为已知，$g=9.8$（米 / 秒 ²），$\alpha=70°$。至于 h，从图 35 中可以看出，应该是 19 米。这样所求的速度为 $v=\sqrt{\frac{19.6\times19}{0.94}}\approx20.5$（米 / 秒）。演员以这个速度飞离大炮，也是以这个速度飞离炮口的。根据公式 $v^2=2as$ 得

$$a=\frac{v^2}{2s}=\frac{20.5^2}{12}\approx35\ (\text{米 / 秒}^2)$$

由此可知演员在炮膛里运动的加速度是 35 米 / 秒 ²，大约相当于重力加速度的 3.5 倍。因此，在发射的一瞬间，演员会觉得自己的体重变成了原来的 4.5 倍。即除原本的体重外，还要加上 3.5 倍的“人造重力”①。

① 这种说法也不准确，因为这个“人造重力”的作用方向是跟竖直方向成 20° 角的，而正常重力的作用方向是竖直向下的。不过这里的差别并不大。

这种重力增加的感觉会延续多长时间呢？

利用公式 $s=\frac{vt}{2}$，可以得出 $6=\frac{20.5\times t}{2}$，从而计算出 $t=\frac{12}{20.5}\approx 0.6$（秒）。

也就是说，演员会有半秒钟以上的时间觉得自己的体重不是 70 千克，而是大约 300 千克。

接下来研究“肉弹”表演的第二个阶段——演员在空中的自由飞行。这个研究最让人感兴趣的是飞行的时间，演员会有多长的时间感觉完全没有重力呢？

在上一节的内容中，我们知道这种飞行的时间等于 $\frac{2v\sin\alpha}{a}$。将已知的数值代入公式，就可以计算出这个时间等于 $\frac{2\times 20.5\times \sin 70^\circ}{9.8}\approx 3.9$（秒），即完全没有受到重力的感觉会持续 4 秒左右。

研究第三个阶段时，与研究第一个阶段差不多，需要求出“人造重力”的大小和这种情况延续的时间。假设网和炮口一样高，则演员落在网上时的速度应该等于他开始飞行的速度。如果把网放得比炮口低，演员落在网上时的速度就会比较大，但这种差别极小，为了不让我们的计算太复杂，暂且忽略这种差别。

因此，假设演员是以 20.5 米 / 秒的速度落到网上的，陷下去的深度为 1.5 米。也就是说，演员落到网上后，20.5 米 / 秒的速度在其下陷 1.5 米的过程中变成了零。由公式 $v^2=2as$ 得

$$20.5^2=2\times 1.5\times a$$

从而得出加速度

$$a=\frac{20.5^2}{2\times 1.5}\approx 140\ (\text{米}/\text{秒}^2)$$

这里，我们清楚地知道，演员落入网里后，受到了 140 米 / 秒 ^{2} 的加速度——大约是重力加速度的 14 倍。所以，演员会有一段时间觉得自己的体重变成了原来的 15 倍，不过这种不寻常的情况只延续了 $\frac{2\times 1.5}{20.5}\approx 0.15$（秒）。如果不是时间极短，即使演员受过专门训练，也不可能毫发无损地承受住这个增大到原来 15 倍的重力，因为此时相当于体重 70 千克的人要承受整整一吨的质量。如果这样的负荷持续时间久一点，即使不把人压死，至少会让人不能呼吸，因为人体肌肉的力量不能“抬起”这么沉重的胸腔。

火车过危桥的情形合理吗？

在儒勒·凡尔纳的小说《八十天环游地球》里，描述过这样一个场景：在落基山中有座铁路吊桥，由于桁架已经损坏，随时可能坍塌。勇敢的司机决定把旅客列车从桥上开过去（图 35）。

图 35　儒勒·凡尔纳的小说里关于吊桥的插图

> “这座桥要塌了！”
>
> “没关系，只要我们把火车速度开到最大，运气好也许能过去。”
>
> 列车以不可思议的高速向前冲去，活塞每秒钟伸缩 20 次，车轴都已经冒浓烟了，火车仿佛根本没有触碰到铁轨一样。重量已经被速度消灭了……火车真的从桥上开过去了。列车跃过桥身，从一岸跳到另一岸，它刚刚过去，桥就“轰隆”一声坍塌了。

这个描述合不合理呢？“重量”真的能“被速度消灭”吗？众所周知，铁路的路基在火车疾驰时受到的负荷比火车慢行时的负荷大很多。一般情况下，在路基比较差的地方，都要求火车慢行。但是小说里却恰恰利用疾驰解决了难题，这可能吗？

原来，小说里描述的场景并不是没有道理的。在特定的条件下，即使桥梁正在坍塌，火车也可以避免受到伤害。这其中的关键在于，火车要在极短的时间内驶过桥去。在这样极短的时间内，桥甚至根本来不及塌。

下面我们来大概计算一下。火车机车的主动轮直径为1.3米，“活塞每秒钟伸缩20次”使得主动轮每秒钟转10周。换句话说，车轮每秒钟走出$10\times3.14\times1.3$（米）$=41$（米）。山间的河流可能不会很宽，那么桥的长度也就大概10米。这就是说，在这么快的速度下，火车只需$\frac{1}{4}$秒的时间就能完全通过桥。即使桥在最初的一瞬间就开始断了，但桥的另一端在$\frac{1}{4}$秒钟内落下了$\frac{1}{2}gt^2=\frac{1}{2}\times9.8\times\frac{1}{16}\approx0.3$（米），即只来得及落下30厘米。桥并不是一下子全部断掉的，而是从火车驶过的那一端开始断，此时另一端还和对岸连接着。因此，火车（极短的火车）基本来得及在桥的另一端断落前驶到对岸。小说家说的“重量好像被速度消灭了”，就是要这样来理解的。

这段描述不可靠的地方是，“活塞每秒钟伸缩20次”，如果照此推算，火车的速度可以达到每小时150千米。这么快的速度，那个时候的机车是不能实现的。

对于小说中的这种现象，人们在溜冰的时候也会有类似的感受。溜冰的人在冒险滑过一块薄冰时，就需要很快的速度，如果慢慢地滑，这块薄冰一定会在他滑过前破裂。

还要注意的是，“重量被速度消灭”这句话同样适用于拱桥上面的运动。在这种情况下，速度的增大会减小运动物体对桥的压力。

哪一颗弹丸最先到达？

在一面竖直的墙壁上画一个直径为1米的圆圈（图36），在圆圈的顶部A点沿着弦AB和AC装两道滑槽。将三颗弹丸在A点同时放下，一颗弹丸自由落下，另外两颗弹丸分别在滑槽里没有摩擦也不滚动地滑下。那么哪一颗弹丸最先到达圆周（即分别到达D、B、C点）呢？

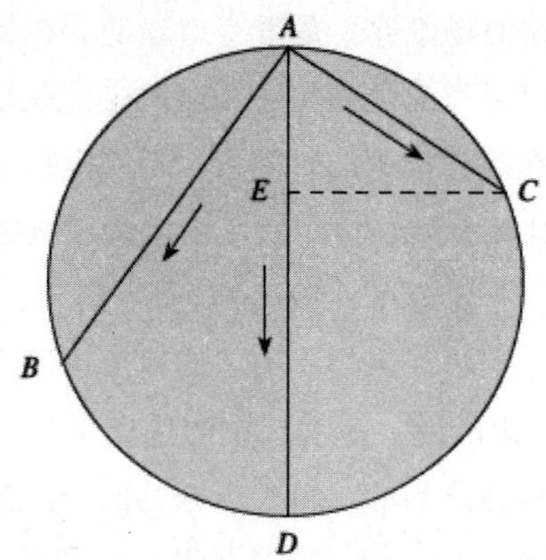

图 36　三颗弹丸中哪一颗先到达圆周？

表面上看：滑槽 AC 的路程最短，一般都会认为这个滑槽里的弹丸最先到达圆周；滑槽 AB 里的弹丸应该是第二个到达；最慢的应该是竖直跌落的那个，因为它的路程最长。

但是实验证明，这种看法是错误的。三颗弹丸实际是同时到达圆周的。

因为三颗弹丸的运动速度各不相同。运动速度最快的是自由落下的弹丸，沿滑槽滑下的两颗弹丸，滑槽比较陡的，运动得就比较快。所以，运动路程越远的弹丸，速度也越快。下面的计算可以证明，速度大恰好可以弥补路程较长对时间的消耗。

弹丸沿竖直线下落的时间（不计空气阻力）可以用下面的公式求出：

$$AD=\frac{gt^2}{2},\ t=\sqrt{\frac{2AD}{g}}$$

沿弦运动的时间为 $t_1=\sqrt{\frac{2AC}{a}}$，其中 a 是弹丸沿斜线运动的加速度。这里可以看出 $\frac{a}{g}=\frac{AE}{AC}$，由此得 $a=\frac{AE\cdot g}{AC}$。

由图 36 可得 $\frac{AE}{AC}=\frac{AC}{AD}$，因此 $a=\frac{AC}{AD}\cdot g$。

所以 $t_1=\sqrt{\frac{2AC}{a}}=\sqrt{\frac{2AC\cdot AD}{AC\cdot g}}=\sqrt{\frac{2AD}{g}}=t$。

最终结果是 $t_1=t$，充分说明弦和直线上的运动时间相等。这种理论对从 A 点出发的所有弦都适用。

对于上面的问题，还可以换个角度提问：三个物体在重力作用下，分别沿着竖直平面上的一个圆的弦 AD、BD 和 CD 运动（图 37）。运动从 A、B、

C 三点同时开始，哪一个物体会最先到达 D 点呢？

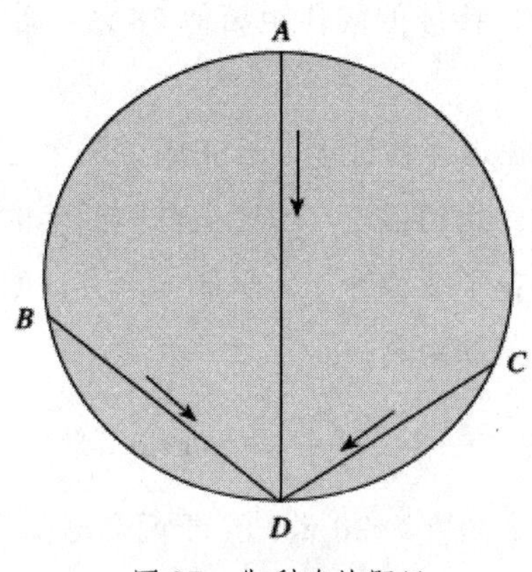

图 37　伽利略的题目

相信读者已经知道，三个物体会同时到达 D 点。

这个问题是伽利略在《关于两门新科学的对话》一书中提出来的，并且在书中给出了解答。在这本书里，伽利略最先提出了他所发现的物体下落的定律。

在书里可以找到伽利略是这样阐述这个定律的："假如在高出地平线的圆的最高点上，引出到达圆周的不同倾斜平面，物体在这些面上的下落时间都相同。"

两块石头以多大速度分开？

在塔顶上以 3 米 / 秒的速度掷出两块石头，一块竖直向上掷出，一块竖直向下掷。在不考虑空气阻力的情况下，它们是以多大速度互相分开的？

答案是：两块石头是按照 3 米/秒 + 3 米/秒 = 6 米/秒的速度相互分开的。不管你对这个结果有多吃惊，两块石头的瞬时速度并不会对这个结果产生什么影响。两者的初始速度一样大，速度变化率（加速度）也一样，所以会始终以 6 米 / 秒的速度分开。

掷球的最大高度是多少?

球员把球掷向同伴，接球的同伴距离他 28 米，球飞行了 4 秒钟。球飞行的最大高度是多少？

球飞行了 4 秒钟，在这 4 秒钟里，球完成了两个运动，一个是水平方向的，一个是竖直方向的。换句话说，球在上升和回落的过程中花了 4 秒钟，上升花了 2 秒钟，回落花了 2 秒钟（力学课本上有证明，球上升和回落的时间相等）。因此，球下落的距离：

$$S=\frac{gt^2}{2}=\frac{9.8\times 2^2}{2}=19.6\text{（米）}$$

所以，球达到的最大高度约 20 米。至于两名球员之间的距离 28 米，在这里是不用考虑的。同时，在这种速度不是很快的情况下，空气的阻力也可以忽略不计。

第五章　圆周运动里的力学

小球为什么会画圆?

我们先举一个例子来帮助我们理解后面会用到的一些概念。

假设用一根足够长的线，把一个小球系在平滑桌面中央的钉子上（图38）。用手指弹动小球，使它得到一个速度v。在小球把线拉直之前，由于惯性，它沿直线方向前进。而一旦线被拉直了，小球就以用大小不变的速度画起圆圈来，圆的中心就是钉在桌子上的钉子位置。如果用火烧断线（图39），小球会因为惯性顺着跟圆周相切的方向飞出去（这和把钢放在磨刀具的砂轮上时，会有火星沿着砂轮切线方向飞出的情形一样）。发生这种情况，是因为线的张力使小球脱离了惯性做匀速直线运动。

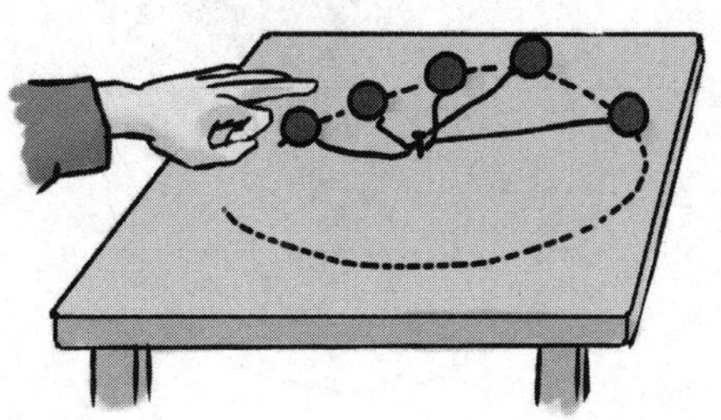

图38　线拉直后，小球会匀速地绕圆圈运动

图 39　线被烧断后，小球沿圆的切线飞出

根据牛顿第二定律可知，力的大小与加速度的大小成正比，方向跟加速度的方向一样。因此，线的张力会给小球一个加速度，这个加速度的方向跟力的方向一样，都是向着圆周中心的钉子。因为惯性，小球有离开中心远去的趋势，而线的张力又拽着小球趋向圆心，因此这个力叫作向心力，这个加速度也就叫向心加速度。

假设小球沿圆周运动的速度是 v，圆的半径是 R，那么向心加速度 $a=\frac{v^2}{R}$。根据牛顿第二定律可得，向心力 $F=m\frac{v^2}{R}$。

向心加速度的公式也可以推导出来。假设小球在某一瞬间的位置为点 A（假如小球已经开始做旋转运动）。把线烧断时，小球沿圆周切线方向飞出，在间隔很短的时间 t 内到达 B 点（图 40），运动的距离 $AB=vt$。

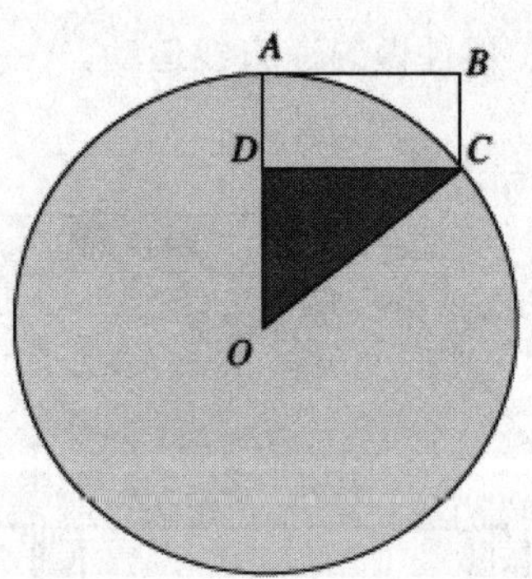

图 40　推导向心加速度的公式

而向心力即线的张力，却使小球做圆周运动，在前面所说的时间间隔里到达圆周上的 C 点。若在 C 点向 OA 作一垂线 CD，则 AD 的距离将等于小球只在与向心力相等的力作用下所运动的距离。而这段距离，可以用没有初

速度的匀加速运动公式计算出来：

$$AD=\frac{at^2}{2}$$

式中，a 是向心加速度。根据勾股定理可得 $OC^2=OD^2+CD^2$，其中 $CD=AB=vt$，$OD=OA-AD=R-\frac{at^2}{2}$，$OC=R$，从而可以得出 $R^2=(R-\frac{at^2}{2})^2+(vt)^2$。或者 $R^2=R^2-Rat^2+\frac{a^2t^4}{4}+v^2t^2$，于是 $Ra=v^2+\frac{a^2t^2}{4}$。

这些推论都建立在小球在极短的时间间隔 t 内做运动的前提下，因此，有 t^2 的项是 $\frac{a^2t^2}{4}$，跟 Ra 和 v^2 相比较可忽略不计。把这个极小的数值忽略掉，就得到了 $a=\frac{v^2}{R}$。

人造地球卫星为什么不掉落回地球？

人造地球卫星[①]为什么不掉落回地球呢？在地球引力作用下，一切上升到地面上空的物体，都会跌落回地面上。把卫星送到轨道上去的多级火箭给了它巨大的速度，这个速度大约是 8 千米／秒。如果物体能够得到这样大的速度，就不会跌落回地面，它将变成人造地球卫星。地球的引力只能使它的运行路径变得弯曲，使它围绕地球沿着封闭的椭圆形轨迹运动。

在特殊情况下，卫星的轨道可以是以地球为圆心的圆周。接下来，我们要推导出卫星在这种轨道上运行的速度即圆周速度公式。

人造地球卫星在向心力作用下做圆周运动，这个向心力就是地球的引力。如果 m 表示人造地球卫星的质量，v 表示速度，R 表示轨道半径，那么向心力 F 就可以用如下公式求出：

$$F=m\frac{v^2}{R}$$

同时，根据万有引力定律，这个向心力也可以表示为

$$F=\gamma\frac{mM}{R^2}$$

① 人造地球卫星是一种环绕地球在空间轨道上运行一圈以上的无人航天器。1957 年 10 月 4 日，苏联发射了世界上第一颗人造地球卫星。1970 年 4 月 24 日，我国发射了自己的第一颗人造地球卫星——“东方红一号”。

其中，M 是地球的质量，γ 是引力常数。如此一来，就可以得出 $m\frac{v^2}{R}=\gamma\frac{mM}{R^2}$。那么，圆周速度 $v=\sqrt{\frac{\gamma M}{R}}$。

如果卫星轨道距离地球表面的高度为 H，地球半径为 r（图 41），那么 $v=\sqrt{\frac{\gamma M}{r+H}}$。

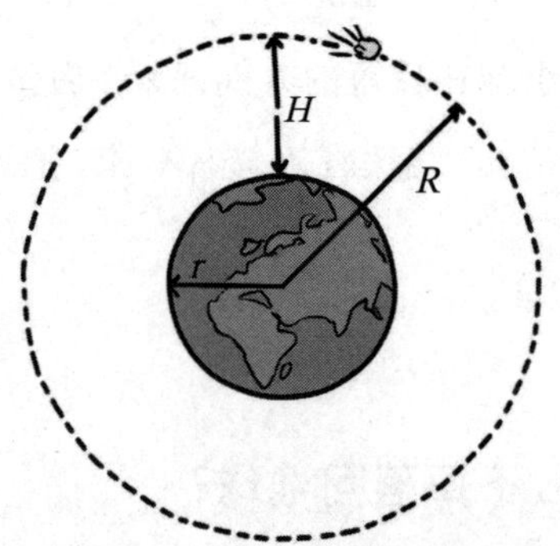

图 41　人造地球卫星的圆周轨道

为了计算方便，上面的公式还可以演变一下。在地球表面，引力等于 mg，根据万有引力定律，$mg=\gamma\frac{mM}{r^2}$，从而得 $\gamma M=gr^2$。

那么，在地表上空高处的圆周速度可用下面的公式得出：$v=\sqrt{\frac{gr^2}{r+H}}$或者 $v=r\sqrt{\frac{g}{r+H}}$。这里有一点很重要，此公式中 g 表示的是地球表面上的重力加速度。

如果轨道高度与地球半径相比很小，可以近似地认为 $H\approx 0$，此时圆周速度公式就可简化为 $v=r\sqrt{\frac{g}{r}}$或 $v=\sqrt{gr}$。

如果把 $g=9.81$（米／秒 ²），$r=6\,378$（千米）（地球赤道的半径）代入简化的公式，就可以得出第一宇宙速度：$v=\sqrt{9.81\times10^{-3}\times6\,378}=7.9$（千米／秒）。这就预示着，如果人造地球卫星围绕地球运动，就必须达到这个速度。当然，实际上地球表面并不是平的，尤其是有大气阻力，卫星不可能在这样的轨道上运行。如果圆周轨道的高度增加了，卫星的轨道速度会相应地减小。

人造地球卫星为什么像是固定不动的？

上一节我们已经了解人造地球卫星圆周速度公式，明白了圆周速度的大小，知道了卫星绕地球一周所需要的时间是随着飞行高度的变化而变化的。这样就会有另一个问题，即在某一个飞行高度上，卫星恰好是一昼夜绕地球转一周的。如果这个卫星是在地球赤道上空运行，而且运行方向也是自西向东的，那么卫星的角速度就等于地球绕地轴自转的角速度。这样看来，卫星就好比是固定不动地悬挂在赤道上空某一点上的一样。我们把这种卫星叫作地球同步卫星。接下来让我们试着求出地球同步卫星的运动速度。

人造地球卫星在轨道上运行一周所需的时间 T，等于轨道周长 $2\pi(r+H)$ 跟圆周速度 $v_{圆}=r\sqrt{\frac{g}{r+H}}$ 的比，即 $T=\frac{2\pi(r+H)}{r\sqrt{\frac{g}{r+H}}}$。

可以代入 T、r、g 的值得出高 H，方法如下：

由上式得 $\frac{Tr\sqrt{g}}{2\pi}=(r+H)\sqrt{r+H}$，再进一步变换，去掉平方根，得 $(r+H)^3=\frac{T^2r^2g}{4\pi^2}$，最后得

$$H=\sqrt[3]{\frac{T^2r^2g}{4\pi^2}}-r$$

既然是地球同步卫星，那么它绕地球一周的时间应为一个恒星日，即23小时56分4秒或86 164秒。我们可以知道的数值是：$T=86\ 164$ 秒，$r=6\ 378$ 千米（赤道半径），$g=9.81$ 米/秒^2（地球重力加速度）。把这些数值代入上面的公式，就可以求出：

$$H\approx 35\ 800\text{ 千米}$$

有了飞行高度 H 的数值35 800千米，就可以算出 $r+H\approx 42\ 200$ 千米，那么人造地球卫星的圆周速度

$$v_{圆}=r\sqrt{\frac{g}{r+H}}\approx 3.1\text{ 千米/秒}$$

至此，就可以得出结论：在赤道上空做自西向东运动的人造卫星，只要高度在35 800千米处，以3.1千米/秒的圆周速度前行，就会永远停留在赤道同一点的上空。在地面上，能在很大一片地区看到它，而且无论从哪个地点看，它总是在天空中的同一个位置上。相应地，从这个地球同步卫星上

向下观察，也会看到这一大片地区。地面和卫星的相对位置不变，加上“视野半径”很大，因此，这种地球同步卫星可以用作电视转播站。

增体重为什么不需要加营养？

生活中，经常有人会对身体孱弱者说“增加一下体重”就好了。单纯地从字面上来理解，只是为了增加体重的话，倒是不用增加营养，也不需要特别的健康知识，只要你坐在“旋转车”[①]（图 42）上，就可以使体重很快增加。坐在运动着的“旋转车”上的人，根本不会意识到，他的体重在这个过程中已经“真正的”增加了。下面，我们就一起来计算一下体重增加了多少。

图 42　旋转车

假设 MN（图 43）是车厢绕着旋转的轴，在转动的过程中车厢和里面的乘客在一起，而且车厢是悬空的。由于惯性，车厢离开转轴顺着圆周切线方向做运动，和图 43 所示的倾斜状态一样。此时，乘客的体重 P 可分解成两个力：一个力为 R，水平指向轴的方向，这个力是维持圆周运动的向心力；

① 这其实就是现代公园里常见的旋转木马。瑞典斯德哥尔摩市内有现今世界上最高的旋转木马，其高度超过 120 米，最大旋转速度可达 70 千米/时。世界上关于旋转木马的最早记录出现在拜占庭帝国时期；1860 年左右，欧洲出现了第一个以蒸汽推动的旋转木马。

另一个力为Q，沿着悬索的方向向下，把乘客压向车厢底，这个力会使乘客觉得自己体重增加了。这个“新的体重”要比正常体重P大，等于$\frac{P}{\cos\alpha}$。其中α是P和Q之间的夹角。要想求出α的数值，首先要知道力R的大小。既然力R是向心力，那么它所产生的加速度$a=\frac{v^2}{r}$，其中v是车厢重心的速度，r是圆周运动的半径，等于车厢重心与轴MN之间的距离。假设这个距离等于6米，转车的转速是每分钟4转，那么，车厢每秒钟转动通过的距离就是全圆的$\frac{1}{15}$。这就可以计算出它的圆周速度：

$$v=\frac{1}{15}\times2\times3.14\times6\approx2.5\text{（米/秒）}$$

图43　作用在转车车厢上的力

这样一来，力产生的加速度就可以计算出：

$$a=\frac{v^2}{r}=\frac{2.5^2}{6}\approx1.04\text{（米/秒}^2\text{）}$$

因为力跟加速度是成正比的，所以由$\tan\alpha=\frac{1.04}{9.8}\approx0.106$，可计算出夹角的数值为$\alpha\approx6°$。我们已经知道“新的体重”$Q=\frac{P}{\cos\alpha}$，把数值代入，就能算出

$$Q=\frac{P}{\cos6°}=\frac{P}{0.994}=1.006P$$

假如这个人的实际体重是60千克，那现在他的体重就增加了大约360克。

在这种转速比较慢的旋转车上，体重增加得不明显。如果在半径小、转速快的离心机械上，这种体重可以增加到极大的数值。有一种叫“超离心机”的装置，它的转速可以达到每分钟 80 000 转之多，使用这种装置，可以使体重增加 25 万倍。假如在这种装置上做实验，放一滴质量只有 1 毫克左右的水滴，它会变成 0. 25 千克的重物。

目前，大型的离心机被用来锻炼人对大幅度超重的忍耐力，为以后实现星际航行做准备。只要通过特定方式选定半径和旋转速度，就可以得到实验所需要的超重。实验证明，人可以在几分钟内承受比本身体重大四五倍的超重，而且对身体毫发无损，这可以让人安全地向宇宙空间飞去。

从现在开始，你是不是说话变得谨慎了些，在对亲友表达祝福时，不再说体重增加了，而是改成身体的质量增加了呢？

高速旋转飞机为什么不安全?

某公园想修建一座旋转飞机，其原理类似于孩子们玩耍的“转绳”，只不过是在绳索（或杆子）的末端装上飞机的模型。这些绳索在快速旋转的过程中会被抛出去，这个“飞机”和上面的人会顺带一同向上升起。修建的人打算让旋转塔达到一定的转速，让绳索能够升到几乎水平的位置。但是，这样的设计并没有实现，因为只有绳索显著倾斜的时候，上面的人才不至于受到伤害。绳索与竖直线之间的倾斜角的最大极限值，可以根据人体只能无害地承受到 3 倍超重计算出来。

上一节中的图 43 对我们现在要解决的问题帮助很大。根据我们知道的，要想让人为的“体重”不超过实际体重的 3 倍，就可以得出它们之间的比值最多是$\frac{Q}{P}=3$，而这个比值也可以表示为$\frac{Q}{P}=\frac{1}{\cos\alpha}$，因此可以得出$\frac{1}{\cos\alpha}=3$，$\cos\alpha=\frac{1}{3}\approx 0.33$，那么$\alpha\approx 71^\circ$。

所以，绳索和竖直线之间不能偏离超过 71°，也即绳索和水平位置之间至少要保留 19°。

图 44 所示就是这种旋转飞机。当然，图中表现出来的绳索倾斜度并没有达到它的极限值。

图 44　装有飞机的旋转塔

火车转弯时受到哪些力的作用？

一位物理学家曾这样说过："我坐在火车上，当时火车正在转弯，我突然发现铁路近旁的树木、房屋、工厂烟囱等，都变成倾斜的了。"

旅客乘火车，当火车速度很快时，也常常会看到这样的现象。

这种现象的出现，不能说是因为铺设铁轨时，拐弯处外面的铁轨铺得比里边的铁轨高。假如你伸出头看向四周，而不是通过倾斜的窗口观看，你也可能会有前面所说的错觉。

大概读者已经猜测出，当火车转弯时，悬在车里的悬锤一定是处于倾斜的状态。这个新的竖直线代替了乘客原来认为的竖直线，因此，原来是竖直的物体，对于乘客来说都变成倾斜的了[①]。

新的竖直线的方向，可以根据图 45 算出，其中 G 表示重力，R 是向心力，合力 Q 是乘客所感知的重力。车上一切物体都会向一个方向跌去，这个方向跟竖直方向的偏斜角 α 的大小，可以用如下公式求出：$\tan\alpha=\frac{R}{G}$。

力 R 是向心力，它的大小跟 $\frac{v^2}{r}$ 成正比，其中 v 是火车速度，r 是转弯处的

① 受地球自转和公转的影响，地面上的点都是沿着弧线运动的。即使是在"坚硬的大地"上，悬锤也不是严格意义上指向地球中心，而是相对这个方向偏斜一个不大的角度（在 45° 纬线上偏斜的角度最大，是 6′；在南、北极和赤道上就完全没有偏斜）。

曲率半径，重力 G 又跟重力加速度 g 成正比，因此，$\tan\alpha=\frac{v^2}{r}\div g=\frac{v^2}{rg}$。假设火车速度是 18 米 / 秒（65 千米 / 时），转弯处的曲率半径为 600 米，那么 $\tan\alpha=\frac{18^2}{600\times9.8}\approx0.055$。

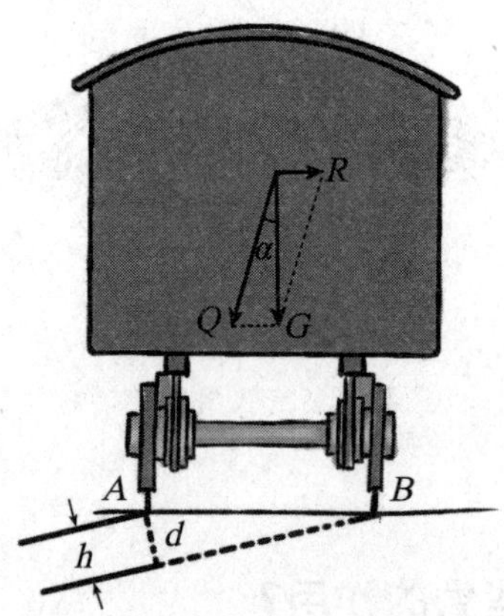

图 45　火车在转弯时，会受到哪些力的作用？（图的下方表示路基截面的倾斜度）

通过这个式子，就可以计算出 $\alpha\approx3°$。

由此可知，我们把这个“仿佛竖直[①]的方向不由自主地误认为是竖直方向，而真正竖直的方向却被误认为偏斜 3° 的方向。火车在转弯处很多的地方行驶，乘客有时候会觉得四周竖直的景物倾斜了 10° 之多。

如果想让火车在转弯处保持平稳，在转弯处铺设铁轨时，外面的一条铁轨就要比里面的一条铁轨铺得高一些。具体高出多少，应该与新的竖直方向相适应。举例来说，就像前面提到的转弯情况，假设外面的一条铁轨 A（图 45）应该高出 h，则 h 需要满足的关系是：

$$\frac{h}{AB}=\sin\alpha$$

式中，AB 为铁轨之间的距离，约等于 1.5 米；$\alpha\approx3°$，$\sin\alpha=\sin3°=0.052$。由此，可以求出 $h=AB\sin\alpha=1\,500\times0.052\approx80$（毫米）。

也就是说，铺设铁轨时，外面的一条铁轨要比里面的一条铁轨高 80 毫米。当然，这个数值只适用于一定的行车速度。一旦铺设下去，就不能根据火车的速度改变而改变了。所以，在修筑铁路时，一般都是根据行车速度来设计的。

① 确切地说，是相对于这个观察者的“临时竖直”方向。

不合常理的道路

当我们站在火车转弯处的铁轨上时，一般是看不出外面的铁轨比里边的铁轨高一些的。但是，如果我们是在自行车竞赛场里，就是另外一个情形了。

自行车竞赛场里，转弯处的曲率半径要小很多，而且行车速度很快，因此倾斜角就非常大。假如行车速度是 72 千米 / 时（20 米 / 秒），曲率半径为 100 米，则倾斜角又满足：

$$\tan\alpha = \frac{v^2}{rg} = \frac{400}{100\times 9.8} \approx 0.4$$

得 $\alpha \approx 22°$ 。

在这样的道路上，步行的人是走不稳的，而自行车运动员却只有在这样的道路上行驶才感觉最平稳。重力作用就是这么奇怪。另外，汽车竞赛场地里的道路也是这样修建的。

在杂技表演中，有一个节目更是奇怪，虽然它表现出来的现象也完全符合力学定律，但还是有些不可思议。表演者是一名自行车骑手，他能在半径为 5 米或者更小的“漏斗”内壁骑车打转。当自行车速度为 10 米 / 秒时，“漏斗”壁的倾斜度应该是相当陡峭的，可用下式来计算一下：

$$\tan\alpha = \frac{10^2}{5\times 9.8} \approx 2.04$$

得 $\alpha \approx 64°$ 。

观众会以为这名杂技演员一定掌握了不寻常的技巧和技术，不然他不能在这个很不自然的情况下骑行。而实际上却是，以这个速度行驶才是最平稳的。

飞行员为何感觉不到飞机是倾斜的?

无论是谁，看到天空中的飞机在绕圈子（“急转弯”），倾斜得很厉害时，都会以为飞行员在机舱内一定是小心翼翼的，以防止自己从里边跌落出来。但事实上却是，飞行员根本没有感觉到自己驾驶的飞机是倾斜的。对他来说，飞机正水平地在空中飞行着呢。当然，他还是会有一些异常感觉：首先，他会感觉到自己的体重增加了；其次，他所看到的地面变成倾斜的了。

让我们粗略地算一算，看看飞行员在飞机“急转弯”时，感受到的水平面“倾斜”角度有多大，他自己的体重“增加”了多少。

假设飞机是以 216 千米 / 时（60 米 / 秒）的速度盘旋飞行，螺旋的直径为 140 米（图 46）。倾斜角 α 可以用下式计算出：

$$\tan\alpha=\frac{v^2}{rg}=\frac{60^2}{70\times9.8}\approx5.2$$

得 $\alpha\approx79^\circ$ 。

从理论上看，对这位飞行员来说，大地不但是倾斜的，而且几乎跟竖直一样了，因为倾斜的角度和竖直方向只差 11° 。

图 46　飞行员在做盘旋飞行

实际中，也许是由于生理上的原因，在这种情形下，大地倾斜的角度要比上面计算出的数值略小一些（图 47）。

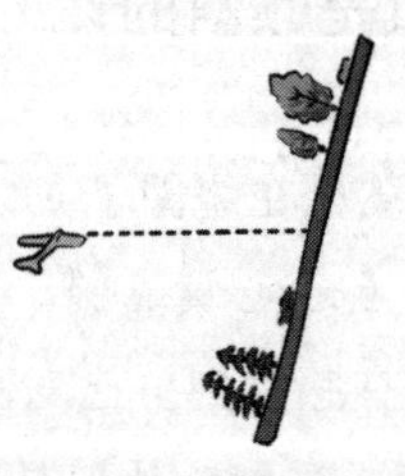

图 47　飞行员看到的情形

对于“增加”的体重，可以用倾斜角 α 的余弦值的倒数算出来。这个角的正切值是 $\tan\alpha=\frac{v^2}{rg}=5.2$，可以得到相应的余弦值为0.19，其倒数为5.3。至此就可以说，飞行员压向机座的力约等于他直线飞行时的5倍，也就是他会感觉自己的体重好像变成了原来的5倍。

图48和图49所示是另外一种情况，飞行员在这种情况下也能看到地面是倾斜的。

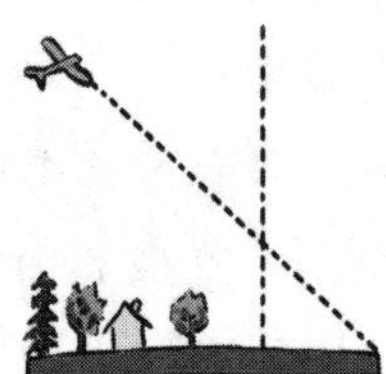

图48　飞行员驾驶飞机以190千米/时的速度做大半径（520米）的曲线飞行

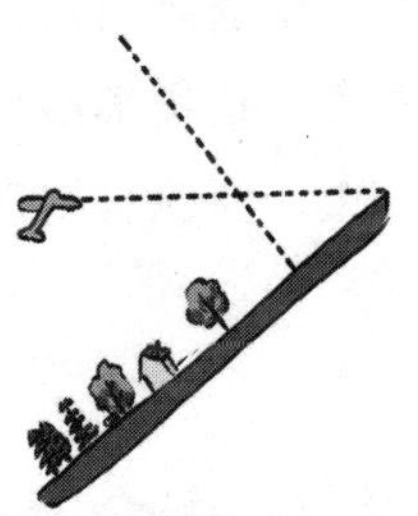

图49　飞行员看到的情形

这种人为“增加”体重的情况，会使飞行员受到致命伤。曾经发生过这样的事：一位飞行员在做“螺旋”飞行（以小半径螺旋线急转下降）时，不但身体在座位上动不了，飞行员的手也不能做出动作。计算说明，他在那个时候的体重变成了原来的8倍，万幸的是，他做出了最大的努力，终幸免于难。

河流为什么是弯的？

一直以来，人们都知道河流像蛇一样弯曲。但是这种现象并不能说明河流弯曲都是由地形造成的。有的地方很平坦，可是河流依然是蜿蜒曲折的。是不是很奇怪？按照常理，在这种地形的地区，河流应该是直的才对。

进一步研究就会发现更加让人意外的事情：平坦地区的河流最难以保持直线流动。

假设一条河流在大致同样的土壤上严格按照直线流动，我们试着来证明这种流动方式并不能保持太久的时间。由于某种偶然因素的影响，比如由于土壤不同，水流在某个地方偏移了一些。然后会怎样呢，河流会自动恢复原来的样子吗？当然不会，只会偏移得越来越多。在河流弯曲的地方（图 50），水是依照曲线流动的，在离心力的作用下要压向凹入的一岸，冲洗这一岸，并且同时离开凸出的一岸。如果想让河流恢复原来的直线流动，情况跟上面的恰恰相反，河流要冲洗凸出的一岸，离开凹入的一岸。但现实情况却不这样，凹入的一岸受到河流冲洗，凹入的深度就会越来越大，河流弯曲的曲率也随之加大，这样离心力也加大了，接着对凹入一岸的冲洗作用持续加强。如此一来，河流只要形成了很小的弯曲段，此弯曲段就会不停地增长。

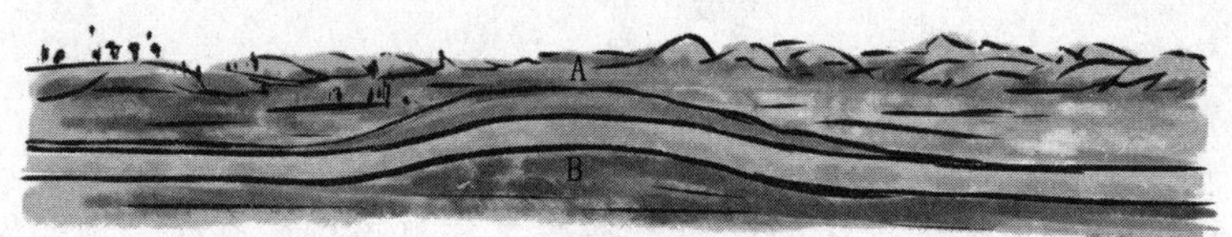

图 50　河流中一些极小的弯曲会不停地增长

由于水流不断冲洗凹入的一岸，因此凹入一岸的水流要比凸出一岸的水流快，由此水流携带的泥沙大多沉积在凸出一岸，而凹入一岸不断受到冲洗，使靠这一岸的河会比较深。

因为这个原因，凸出一岸变得比较平坦，并且更加凸出，凹入一岸变得越来越陡峭。

研究河流逐渐变弯曲的情况很有意思。这种变化情况如图 51 所示。图①所示是稍稍弯曲的小河，到图②时，水流冲洗着凹入一岸，开始离开凸出一岸；图③所示的河床进一步扩大了，到了图④里已经变成了宽广的河谷，河床被囊括在河谷里；图⑤⑥⑦中河谷进一步发展，图⑦中，河床的弯曲程度已经大到几乎呈一个环套样子了；最后到图⑧时，可以看到，河流在弯曲的河床想接近的地方为自己开通了道路，抄了个近路，在冲成河谷的凹入部分留下弓形沼或牛轭沼——留在河床上的被遗弃的部分死水。

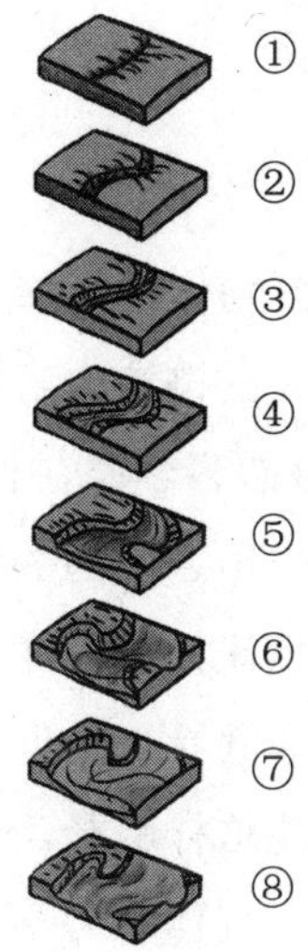

图 51　河流是如何逐渐变弯的

读者自己就能猜到，为什么河流不在平坦河谷的中间流动或者顺着一边流动，而总是从一边折向另一边——从凹入的一边折向最近的凸出的一边[①]。

力就是这样控制河流在地面上的走向的。当然，这些作用是在很长的时间里逐渐完成的，这种时间是以千年为单位的。但是，你也可以在每年的春天看到跟以上现象细节相近的现象（规模当然要小很多）：你只要仔细观察一下冰雪融化后在冰冻的雪地上冲出的小水流就可以了。

① 因地球的自转作用，在北半球，河流冲刷右岸比较厉害；同理，在南半球，河流冲刷左岸比较厉害。这一点，这里并没有考虑进来。

第六章　碰撞中的力学

为什么要研究碰撞现象？

学习力学时，会有一章讲到物体的碰撞。这一章很有意义，因为曾有过一段时期，人们想利用两个物体的碰撞来解释大自然中的一切其他现象。

居维叶是19世纪著名的自然科学家，他曾经说："如果我们离开了碰撞，就不可能得到有关原因和作用之间的关系的明确印象。"一种现象，只有把它的原因归结于分子的互相碰撞时，才算是清楚地解释了这一现象。

当然，想从这个方向去解释世界，是行不通的：许多现象如电气现象、光学现象、地球引力等，都不能这样解释。但是，物体碰撞在今天解释自然现象时，还是起着很大作用的。气体动力学理论就是一个很好的例子，它把许多现象看成是众多分子不断相互碰撞的无秩序的运动。另外，我们在日常生活和工程施工中也会碰到物体的碰撞。所有承受撞击作用的机器和建筑，它们的组成部分都是要能够承受撞击负荷的。因此，在力学里，这一章的知识是不能缺少的。

物体碰撞之后的速度是怎样的？

只有学习了物体碰撞的力学，才能预先知道两个物体碰撞之后的速度会是多少。要想知道这个速度，还要看碰撞的物体是非弹性的还是弹性的，也就是要知道两个物体碰撞之后是不跳开（非弹性）的还是又分离的。

如果是非弹性的，两个物体碰撞之后会取得相同的速度，这个速度的大小可以根据混合法，由互撞物体的质量和原来的速度求出。

例如，你在每千克 8 元的咖啡中拿出 3 千克，又从每千克 10 元的咖啡中拿出 2 千克，把它们混合在一起，这种混合咖啡每千克的价格应该是 $\frac{3\times8+2\times10}{3+2}=8.8$（元）；同样的算法，当质量是 3 千克、速度是 8 厘米／秒的非弹性物体与质量是 2 千克、速度是 10 厘米／秒的非弹性物体相撞时，这两个物体相撞后的共同速度是 $u=\frac{3\times8+2\times10}{3+2}=8.8$（厘米／秒）。

一般情况下，当质量分别为 m_1 和 m_2、速度分别为 v_1 和 v_2 的两个非弹性物体相互碰撞时，它们碰撞后的速度是 $u=\frac{m_1v_1+m_2v_2}{m_1+m_2}$。

假如我们把速度 v_1 的方向规定为正方向，那么速度前面的正号就表示物体在碰撞后向着跟速度 v_1 相同的方向运动，负号则表示向着相反的方向运动。关于非弹性物体的碰撞，需要记住的也就只有这些了。

弹性物体的碰撞就比较复杂了，因为它们碰撞时接触部位不但会凹陷（与非弹性物体一样），而且紧接着又会凸出来恢复原状。在凸出时，追撞的物体除了在凹陷时会失去一份速度外，还要额外再失去同样一份速度。而被撞的物体，除了在凹陷时增加了一份速度外，还会再增加同样一份速度。也就是说，比较快的物体会失去两份速度，比较慢的物体会增加两份速度——至于弹性物体的相互碰撞，需要记住的也只是这些，其他的就都是纯数学计算了。

假设比较快的物体的速度是 v_1，另一个物体的速度是 v_2，它们的质量分别是 m_1 和 m_2。如果两个物体是非弹性的，在碰撞后，每个物体就会以如下速度运动：

$$u=\frac{m_1v_1+m_2v_2}{m_1+m_2}$$

第一个物体失去的速度是 v_1-u，第二个物体增加的速度是 $u-v_2$。但如果是弹性物体，那么它们的速度不管是失去还是增加，都是双份的，即 $2(v_1-u)$ 和 $2(u-v_2)$。因此，弹性物体在碰撞之后，物体的速度 u_1 和 u_2 应该分别是

$$u_1=v_1-2(v_1-u)=2u-v_1$$

$$u_2 = v_2 + 2\ (u - v_2)\ = 2u - v_2$$

最后把 u、v_1、v_2 的值代入式子计算就可以了。

我们研究了碰撞物体的两种极端情况：一种是完全的非弹性物体碰撞，另一种是完全的弹性物体碰撞。当然还有介于两者之间的情况，互撞的两个物体不是完全弹性的，在碰撞的第一阶段后不会完全恢复它们原来的形状。

关于弹性碰撞，我们也可以通过下面简短的规则来了解：物体发生碰撞后，会以碰撞前互相接近的速度离去。通过这个规则，就可以得到物体碰撞前互相接近的速度是 v_1-v_2，物体碰撞后互相离去的速度是 u_2-u_1。

把 u_2 和 u_1 的值代入上面的式子，可得 $u_2-u_1 = 2u - v_2 - (2u-v_1) = v_1-v_2$。

这个性质之所以重要，不但是因为它能为弹性碰撞提供清晰的画面，而且还有另外一层道理。在计算时，我们就可以说“去撞的物体”和“被撞的物体”，或“追撞的物体”和“被追撞的物体”。本书的第一章中讲过两个鸡蛋的问题：去撞的和被撞的物体之间没有什么差别，两者可以互换，并不影响整个现象。这一点是不是在本节中也适用呢？如果互换角色，是不是利用前面列出的公式计算会有不同结果呢？

尽管有这样的变动，利用前面的公式算出的结果却不会变。因为不管从哪一方面来看，两物体碰撞前的速度之差总是一样的。碰撞后两物体互相离去的速度也不变（$u_2-u_1 = v_1-v_2$）。换句话说，不管从哪种观点来看，两物体碰撞以后的运动情况也总是这样。

下面有一些非常有趣的数据，是关于绝对弹性球的碰撞的。有两个直径都是 7.5 厘米的钢球，当它们以 1 米 / 秒的速度互相撞击时，会产生 15 000 牛顿的压力；当它们以 2 米 / 秒的速度互相撞击时，会产生 35 000 牛顿的压力。钢球互撞时接触部位的圆的半径，当速度为 1 米 / 秒时是 1.2 毫米，当速度为 2 米 / 秒时是 1.6 毫米。碰撞持续的时间在这两种情形下都非常短，所以钢球在这么大的压力（30 ~ 35 吨 / 厘米^2）之下不会损坏。

不过这样短的碰撞时间只对小球来说是可能的。如果钢球像行星一样大（比如半径等于 10 000 千米），以 1 厘米 / 秒的速度互撞，碰撞的时间应该是 40 小时。此时接触部分的圆的半径是 12.5 千米，而互相挤压的力会达到4万亿牛顿[①]！

皮球的弹性有多大？

前一节中关于物体碰撞的公式，其实很少能够直接应用。实际上，“完全弹性”和“完全非弹性”的物体是非常少见的。绝大多数物体既不属于前一类，也不属于后一类，而是属于“不完全弹性”的。以皮球为例，让我们提个问题：皮球是怎样一个东西呢？从力学的角度看，是完全弹性的还是不完全弹性的呢？

球的弹性测试很简单：让它从一定高度落向坚硬的地面就可以了。如果是一个完全弹性的球，落下后应该会跳回到原来的高度。

这一点根据弹性碰撞的公式可以得出：

$$u_1 = 2u - v_1 = \frac{m_1v_1 + m_2v_2}{m_1 + m_2} - v_1$$

换成跟固定地面碰撞的皮球，使用上面的公式计算时，可以把地面的质量 m_2 看成无限大，而地面的速度等于零。即 $m_2 = \infty$，$v_2 = 0$。把这两个数值代入上面的公式前，要先对公式进行一下变形，把式子里的分子和分母各除以 m_2，得到

$$u_1 = \frac{2\left(\frac{m_1}{m_2}v_1 + v_2\right)}{\frac{m_1}{m_2} + 1} - v_1$$

把 m_2 和 v_2 的值代入式子中，得

$$u_1 = \frac{2\left(\frac{m_1}{\infty}v_1 + 0\right)}{\frac{m_1}{\infty} + 1} - v_1$$

因为$\frac{m_1}{\infty} = 0$，所以上面的式子就变成了 $u_1 = -v_1$。由这个式子可以看出，皮球从地面上跳起的速度，跟它落向地面的速度相同。而一个物体从高度

① 曾有科学家认为，6 600多万年前，一颗直径约10千米的小行星以超过40倍音速的速度撞击地球。墨西哥境内尤卡坦半岛上的“奇克苏鲁布”撞击坑，就是那次撞击的发生地。那次撞击的威力大约相当于原子弹爆炸威力的70亿倍，在全球引起破坏性大海啸、地震和火山爆发，且正是那次撞击导致了恐龙的灭绝。

H 处落到地面时获得的速度是 $v=\sqrt{2gH}$，推出 $H=\frac{v^2}{2g}$。另外，如果以速度 v 竖直向上抛出物体，物体所能达到的高度为 $h=\frac{v^2}{2g}$。由此可见 $H=h$，也就是说，球跳起的高度应该和落下的高度相等。

非弹性的球完全不能够跳起来（学习物理学知识后很容易理解这一点，当然也可以利用上面的公式加以证明）。

那么，一个不是完全弹性的皮球又会如何呢？这里，让我们再深入研究一下弹性碰撞。皮球落到地面时，跟地面有了接触，皮球与地面接触的部位会被压扁，因为压力，皮球的速度减小了。这时，皮球的情况跟非弹性物体一样，即它的速度等于 u，失去的速度是 v_1-u。但是，压扁的地方会立刻鼓起来，也就是重新凸出，此时，球自然要向阻碍它凸出的地面作用，由此产生一个力作用在球上，减小球的速度。假如此时皮球恢复到原来的形状，这种形状的变化跟它被压扁时的变化情况正好相反，那么新失去的速度就会跟前一个阶段的相等，等于 v_1-u。因此，总体上讲，一个完全弹性的皮球的速度应该减小 $2(v_1-u)$，变成 $v_1-2(v_1-u)=2u-v_1$。

说皮球“不是完全弹性的”，实质上是指皮球在外力作用下形状发生改变后，不会完全恢复原来的形状。它恢复形状的作用力要比当初改变它形状的力小。与之相应的，皮球恢复形状时所失去的速度也要比第一阶段失去的小，并不是 v_1-u，而是这个数值的一部分，用小数 e 表示（e 叫作“恢复系数”）。如此一来，在发生弹性碰撞时，失去的速度在前一阶段是 v_1-u，在后一阶段是 $e(v_1-u)$。总共失去的速度等于 $(1+e)(v_1-u)$，碰撞后的速度 $u_1=v_1-(1+e)(v_1-u)=(1+e)u-ev_1$。被撞物体（这里说的就只能是地面了）在皮球的作用下，依据反作用定律后退，速度是 u_2，可列式算出：$u_2=v_2+(1+e)(u-v_2)=(1+e)u-ev_2$。

根据这两个速度的差 $u_2-u_1=e(v_1-v_2)$ 可以求出“恢复系数”：

$$e=\frac{u_2-u_1}{v_1-v_2}$$ ①

对于撞向固定不动的地面的皮球，$u_2=(1+e)u-ev_2=0$，得 $v_2=0$。因此 $e=\frac{-u_1}{v_1}$。u_1 是皮球跳起后的速度，等于 $\sqrt{2gh}$，其中 h 是球跳起的高度；

① 这里 u_1 和 v_1 的方向相反，如果 u_1 的值是正的，v_1 的值就是负的，那么 e 的值还是正的。

$v_1=\sqrt{2gH}$，其中 H 是球落下的高度。因此，$e=\sqrt{\frac{2gh}{2gH}}=\sqrt{\frac{h}{H}}$。

经过一番演算，我们就能求出皮球的“恢复系数”。它可以表示皮球“不是完全弹性”的不完全程度。方法也比较简单，只要测出皮球落下的高度和跳起的高度，把两者的比值开方，就能得到这一系数。

根据运动规则，一个网球从 250 厘米高处落下时，能够跳起 127 ～ 152 厘米高（图 52）。因此，网球的恢复系数应该在 $\sqrt{\frac{127}{250}}$ 和 $\sqrt{\frac{152}{250}}$ 之间，即 0.71 ～ 0.78。

图 52　一个网球从 250 厘米高处落下时能跳起大约 140 厘米高

我们取一个中间数 0.75，也可以说用一个“弹性 75%”的球为例子，计算运动员很感兴趣的几个数据。

第一个题目：这个球从高处落下，第二次、第三次及以后各次能跳多高？

我们已经知道，球第一次跳起的高度可以用式子 $e=\sqrt{\frac{h}{H}}$ 求出。把 $e=0.75$，$H=250$ 厘米代入式子，$0.75=\sqrt{\frac{h}{250}}$，从而得 $h\approx 140$（厘米）。

球第二次跳起，那就是从 140 厘米高处落下以后再跳起的。假设球跳起的高度为 h_1，这时 $0.75=\sqrt{\frac{h_1}{140}}$，从而得 $h_1\approx 79$（厘米）。

球第三次跳起时，又是从 79 厘米高处落下再跳起，假设它此时跳起的

高度是 h_2，根据公式得 $0.75=\sqrt{\frac{h_2}{79}}$，求得 $h_2\approx 44$（厘米）。

之后的计算可以依此方式进行下去。

这个球如果从埃菲尔铁塔上落下（高度等于 300 米），假如忽略空气阻力，第一次会跳起 168 米，第二次 94 米，等等（图 53）。但实际上球的速度很大时，空气阻力也会很大。

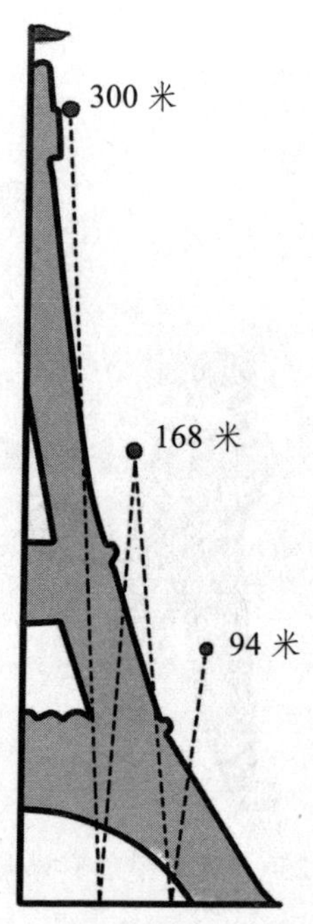

图 53　从埃菲尔铁塔上落下的球能跳起多高?

第二个题目：球从高度为 H 处落下后，能跳起多长时间？

我们知道 $H=\frac{gT^2}{2}$，$h=\frac{gt^2}{2}$，$h_1=\frac{g{t_1}^2}{2}$，可推出 $T=\sqrt{\frac{2H}{g}}$，$t=\sqrt{\frac{2h}{g}}$，$t_1=\sqrt{\frac{2h_1}{g}}$。

那么各次跳起的时间之和等于 $T+2t+2t_1+\cdots$，即等于 $\sqrt{\frac{2H}{g}}+2\sqrt{\frac{2h}{g}}+2\sqrt{\frac{2h_1}{g}}+\cdots$。经过演算，不难推算出这个式子可以演变成：$\sqrt{\frac{2h}{g}}(\frac{2}{1-e}-1)$。其中 $H=250$（厘米），$g=980$（厘米 / 秒 ²），$e=0.75$，

把它们代入式子，算出球跳起的总时间是 5 秒。也就是说，球会持续跳动 5 秒钟。

如果让球从埃菲尔铁塔上落下，在不考虑空气阻力的情况下，球会持续跳动将近一分钟，准确地说是 55 秒。当然，还有一个前提是球落到地面时没有摔碎。

球从几米高的地方落下时，速度不大，所以空气阻力也不是很大。有人曾做过这方面的实验：让恢复系数是 0.75 的皮球从 250 厘米高的地方落下，在没有空气阻力的情况下，第二次应该能跳 84 厘米高，而实际上跳了 83 厘米高。从这个实验中可以看出，空气阻力几乎没有造成什么影响。

两个木槌球相撞后会发生什么？

木槌球撞在一个不动的球上，形成了力学上的“正碰”或“对心碰撞”。这种碰撞是碰撞方向与通过碰撞施力点的球的直径方向相重合的一种碰撞。

那么，这两个球碰撞之后，还会发生什么呢？

假设两个球的质量相等，而且都是完全非弹性的，那么两个球相撞后的速度应该是相等的，是去撞的那个球的速度的一半。用式子表示是

$$u = \frac{m_1 v_1 + m_2 v_2}{m_1 + m_2}$$

其中，$m_1 = m_2$，$v_2 = 0$。

当然也有另一种情况。假如这两个球都是完全弹性的，通过简单计算（这里不过多介绍，感兴趣的读者可以自己演算一下）可知，这两个球的速度正好相反：去撞的球在相撞后会停止下来，而原来不动的球会以去撞的球的速度向碰撞的方向运动。小朋友玩打弹子游戏时，两个球相撞后发生的情况就跟这个现象差不多，只不过这种球的恢复系数比较大（恢复系数 $e = \frac{8}{9}$）。

然而木槌球的恢复系数很小（$e = 0.5$），因此碰撞后的结果跟上面说的不一样。两个球碰撞后虽然也会继续运动，但速度不同，去撞的球要跟随在被撞的球后面，具体细节可以运用物体碰撞的公式来解释说明。

设恢复系数是 e，根据上节内容可知，两个球碰撞后的速度 v_1 和 v_2 分

别为：$u_1 = (1+e)u - ev_1$，$u_2 = (1+e)u - ev_2$。同时，

$$u = \frac{m_1 v_1 + m_2 v_2}{m_1 + m_2}$$

对于木槌球来说，$m_1 = m_2$，$v_2 = 0$，代入上式可得：

$$u = \frac{v_1}{2}，u_1 = \frac{v_1}{2}(1-e)，u_2 = \frac{v_1}{2}(1+e)$$

由此，不难得出：

$$u_1 + u_2 = v_1，u_2 - u_1 = ev_1$$

现在我们就能准确地预知两个相撞木槌球的“命运”了：去撞的球的速度在两个球之间做了分配，让被撞的球运动得比去撞的球快，所快的程度是去撞的球原来的速度乘以 e 得出的数值。

举例来说，假设 $e = 0.5$，此时碰撞前静止的球会获得去撞的球原来速度的$\frac{3}{4}$，而去撞的球本身却跟在被撞的球后面，速度只有原来速度的$\frac{1}{4}$。

那辆火车为什么还要提速？

俄国作家托尔斯泰在他的《读本第一册》一书中，在“力从速度而来”这个题目下面讲述了这样一个故事：

> 一次，火车正在疾驰，突然在铁路和马路的交叉处，一匹马拉着载有重物的大车过来，不幸的是当走到铁路上时，车轮脱落了，赶车的人拼命想牵走马匹，推动大车离开，可惜却一点办法都没有。乘务员看到后就喊火车司机“快点刹车”。但火车司机像是没有听见一样，依然前行，不但如此，还把火车提升到最快的速度向大车和马匹撞去。赶车的人见状，吓得赶紧逃离了铁轨，而火车迅速地驶过，把大车和马匹像木片一样撞飞到一旁，火车自身却没有受到震动损伤，继续开走了。过后，司机对乘务员说：“现在我们只是撞死了一匹马和撞坏一辆大车，如果我听你的话，我们自己就会受到损伤。全体乘客都会遭难。在快速行驶的时候，火车能把大车撞开，而自己不受损伤，如果以低速行驶撞上去的话，火车就会有脱轨的

危险。”

力学原理能解释这个现象吗？这是两个不完全弹性物体的碰撞。被撞的物体（大车）在撞击前是静止不动的。假设用 m_1 和 v_1 分别表示火车的质量和速度，大车的质量和速度分别用 m_2 和 v_2（$v_2=0$）表示，可得

$$u_1=(1+e)\,u-ev_1,\quad u_2=(1+e)\,u-ev_2$$

$$u=\frac{m_1v_1+m_2v_2}{m_1+m_2}$$

把后面这个式子的分子、分母同除以 m_1，得

$$u=\frac{v_1+\frac{m_1}{m_2}v_2}{1+\frac{m_1}{m_2}}$$

然而，大车的质量与火车的质量的比值$\frac{m_2}{m_1}$非常小，可以忽略不计，那么

$$u\approx v_1$$

因此，可得 $u_1=(1+e)\,v_1-ev_1=v_1$。

结果显示，火车在碰撞后仍然按照原来的速度疾驰，车里的乘客并没有感觉到任何震动（感受不到速度的改变）。

至于大车会如何呢？它在被撞后，速度 $u_2=(1+e)\,u=(1+e)\,v_1$，比火车速度还大 ev_1。两车相撞前，火车的速度 v_1 越大，相撞后大车获得的速度就越大，大车受到的碰撞力也越大。这一点有着非常重要的意义：要想避免火车发生事故，必须克服大车的摩擦，如果碰撞的能量不够，大车就成了停留在铁轨上的障碍物，会造成严重后果。

火车司机把车速提高，是完全正确的做法：因为这样做了，火车本身不会受到震动，并且能把大车从铁轨上撞开。当然，也要注意到一点，托尔斯泰这个故事中的火车，是他那个时代速度比较慢的火车。

人为何能受得住铁锤捶击？

我们看杂技表演时，相信很多人都会对这样一个项目印象深刻。表演时，

演员平躺在地上，胸脯上放一个沉重的铁砧，旁边两个大力士高高抡起大铁锤，用力击打铁砧（图 54）。

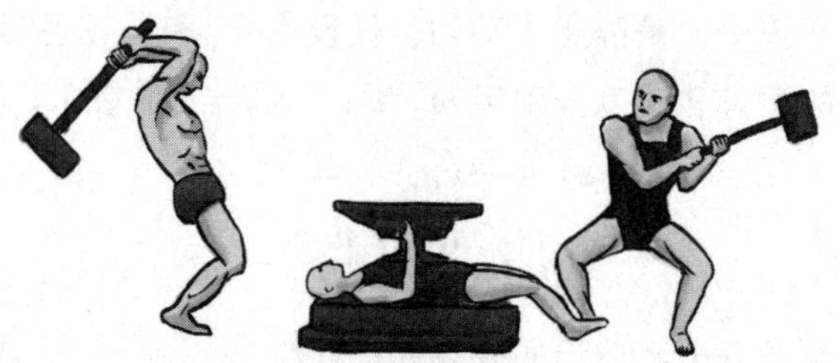

图 54　两个大力士抡起铁锤用力击打铁砧

人们会感到非常惊奇：一个人是如何承受这样的震动而毫发无伤的呢？

弹性物体的碰撞定律告诉我们，铁砧比铁锤重得越多，铁砧在碰撞时获得的速度就越小，进而人感知到的震动就越小。

弹性物体碰撞时，被撞物体的速度：

$$u_2 = 2u - v_2 = \frac{2(m_1v_1 + m_2v_2)}{m_1 + m_2} - v_2$$

其中，m_1 是铁锤的质量，m_2 是铁砧的质量，v_1 和 v_2 分别是它们在相撞之前的速度。这里的 $v_2 = 0$，因为在被撞之前，铁砧是静止不动的。因此，上面的式子可以写成

$$u_2 = \frac{2m_1v_1}{m_1 + m_2} = \frac{2v_1 \times \frac{m_1}{m_2}}{\frac{m_1}{m_2} + 1}$$

如果铁砧的质量 m_2 比铁锤的质量 m_1 大很多，$\frac{m_1}{m_2}$ 的值就很小，在分母中这个数值就可以忽略不计，这时铁砧在碰撞后的速度就是

$$u_2 = 2v_1 \times \frac{m_1}{m_2}$$

即铁砧的速度只有铁锤速度 v_1 的极小一部分[①]。

假设铁砧的质量是铁锤质量的 100 倍，它的速度就只有铁锤速度的 $\frac{1}{50}$：

① 这里的铁锤和铁砧都被看成是完全弹性物体。读者如果把它们看成是非完全弹性的，通过演算后得出的结果差别不大。

$$u_2 = 2v_1 \times \frac{1}{100} = \frac{1}{50} v_1$$

锻工都知道，在工作实践中如果用轻锤敲击，敲击作用是不会传递到深处去的。同样的道理，对于演员来说，铁砧越重越适合这种表演。而这其中的困难就在于如何能够使胸部毫无损伤地承受这一重力。这就要求把铁砧下面做成特殊形状，让它能以比较大的面积贴着人体，而不是只有几个不大的地方接触。再在铁砧的底部和人体之间加一层衬垫，也是很有帮助的。

杂技团的铁锤并不像看上去的那么沉重，实际上它可能是空心的，但它敲下去的力量在观众眼里不会小，并且是铁砧的震动会随着铁锤质量的减小而成比例地减弱。

第七章　强　度

用金属丝测量海洋的深度可行吗？

海洋的平均深度大约为 4 000 米，但一些区域的深度会比这个数值大一倍，甚至更多。前面的章节中已介绍过海洋的最大深度大约是 11 000 米。要想实地测量这个深度，需要垂下 11 000 米以上长度的金属丝，这么长的金属丝本身的质量会比较大，它会不会在自重的作用下断掉呢？

这是一个很有意思的问题。以 11 000 米长的铜线为例子，用 D 表示铜线的直径（以厘米为单位），那么它的体积应该为$\frac{1}{4}\pi D^2\times 1\,100\,000$（厘米^3）。每 1 立方厘米的铜在水中的质量大约为 8 克[①]，因此，这条铜线在水中的质量为

$$\frac{1}{4}\pi D^2\times 1\,100\,000\times 8 = 6\,908\,000D^2\ (\text{克})$$

假设铜线的直径是 3 毫米，即 $D = 0.3$ 厘米，则铜线在水中的质量为 621 000 克，即 621 千克。这样细的铜线能够经受住大约 0.6 吨重的负载吗？接下来，我们用一些篇幅来说说使金属丝和杆断裂的力的问题。

力学中有个分支叫材料力学，它告诉我们使金属丝和杆断裂的力的大小与金属丝和杆的材料、截面大小和施力的方法有关。这里说的跟截面的关系算是比较简单的，截面面积增大多少倍，则用来使金属丝和杆断裂的力就需要增大多少倍。至于跟材料的关系，当杆的截面面积是 1 平方毫米时，拉断各种材料制成的杆需要多大的力，在各种工程手册上都会罗列。这个数值表

① 物体质量不随位置改变而变化，此处是为便于理解，在考虑浮力作用后而采用了变通的说法。

也称为抗断强度表。图 55 所示就是用实物表示的这种表。从中可以看出，拉断一根铅丝（截面面积为 1 平方毫米）需要 2 千克力，拉断一根同样粗细的铜丝需要 40 千克力，拉断一根青铜丝则需要 100 千克力，等等。

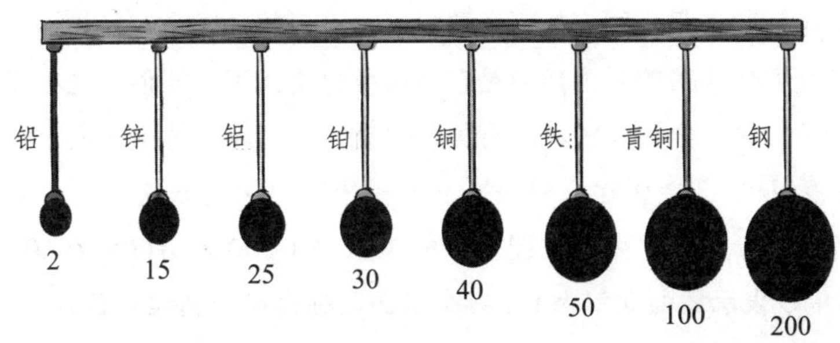

图55 不同材料的金属丝能承受多大质量？（截面面积均为1平方毫米，质量单位为千克）

只要材料上有细小的，甚至是肉眼看不到的缺陷，由于震动或者温度的改变而产生极小的过负载，杆件就会断裂，整个结构就会遭受破坏。因此，一定要设置一个“安全系数”，使作用力只能达到断裂负载的几分之一，如 $\frac{1}{4}$、$\frac{1}{6}$、$\frac{1}{8}$，这要视具体的材料和工作情况而定。

现在，再回到本节开头的运算上来。要想拉断直径为 D 厘米的铜丝，需要多大的力呢？可得它的截面面积是 $\frac{1}{4}\pi D^2$ 平方厘米或是 $25\pi D^2$ 平方毫米。从图 55 中可以查到，截面面积为 1 平方毫米的铜线，要用 40 千克力才能拉断。那么，要使截面面积是 $25\pi D^2$ 平方毫米的铜线断掉，需要的力为 $40\times25\pi D^2=1\ 000\pi D^2=3\ 140D^2$（千克力）。

根据前面的计算可知，铜线本身一共有约 $6\ 900D^2$ 千克重，比拉断它所要用的力大了一倍多。因此，即使不谈什么安全系数的问题，也不能用铜线来测量海洋的深度，因为铜线的长度超过 5 000 米的时候，它就会在自重的作用下断掉。

金属丝的极限长度是多少?

一般情况下，每一根金属丝都有一个极限长度，超过了这个长度，金属丝就会在自重的作用下断掉。一条悬垂线不可能有任意的长度，它的长度有一个不能超越的极限。即使加粗金属丝也是没用的，因为直径加倍了，固然能让它经受得住 4 倍的重力，但是它的质量也增大到了 4 倍。这个极限长度与粗细无关，只与金属丝的材料有关。假设一根金属丝的截面面积为 S 平方厘米，长为 L 米，金属丝材料每 1 立方厘米的质量为 ρ 克，那么整根金属丝的质量就是 $100SL\rho$ 克；它能承受的重量是 $1\,000Q\times100S=100\,000QS$（克），其中 Q 表示截面面积为 1 平方毫米的同种材料金属丝断裂时的负载（用千克计算）。因此，在极限情况下

$$100\,000QS=100SL\rho$$

从而计算出极限长度是 $L=\dfrac{1\,000Q}{\rho}$（米）。

利用这个简单的式子，就能很容易地计算出各种材料的金属丝或线的极限长度。上一节已经计算了铜线在水里的极限长度，而它在水外的极限长度比这还小，为

$$\frac{1\,000Q}{\rho}=\frac{40\,000}{9}\approx4\,400\text{（米）}$$

下面是几种金属丝的极限长度：

铅丝 ………………………………… 200 米

锌丝 ………………………………… 2 100 米

铁丝 ………………………………… 7 500 米

钢丝 ………………………………… 25 000 米

当然，实际中不可能用这样长度的悬垂线，因为这会使它受到不允许的负载。生产生活中，只允许悬垂线承受断裂负载的一部分。例如，对于铁丝和钢丝，只允许它们最多承受断裂负载的$\frac{1}{4}$。因此，在生产生活中使用悬垂线时，使用的铁丝长度一般不能超过 1 875 米，使用的钢丝长度一般不能超过 6 250 米。

如果把一根金属丝的$\frac{1}{8}$长度垂到水中，这根金属丝的极限长度就可以增

加$\frac{1}{8}$。但是，这样也不能到达最深的海底。要想测量最深的海底深度，需要使用特种牌号的坚固的钢丝①。

最强韧的材料有多强？

在抗张强度特别高的材料中，有一种材料叫镍铬钢。要想把截面面积为1平方毫米的镍铬钢丝拉断，需用250千克力。

为了更好地理解这个概念，可以看一下图56，一根这样的细钢丝（直径略大于1毫米）能够承受一头肥猪的质量。测量海洋深度的金属丝就用这种钢丝，每1立方厘米这种钢在水中重7克，在此情况下，它每1平方毫米允许的负载是$250\times\frac{1}{4}=62$（千克，安全系数取$\frac{1}{4}$），因此，这种钢丝的极限长度是

$$L=\frac{1\ 000\times 62}{7}\approx 8\ 800\text{（米）}$$

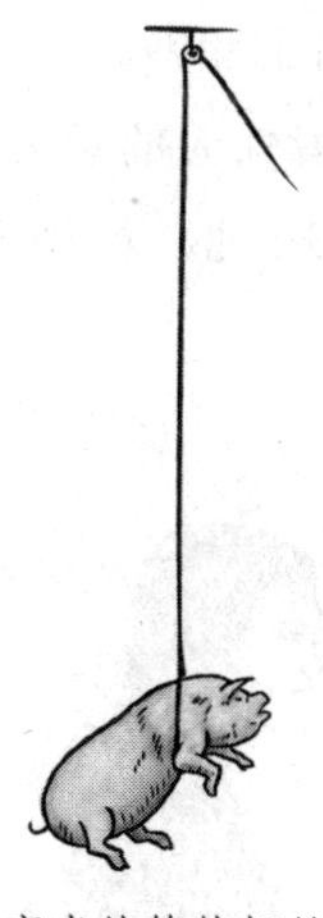

图56 截面面积为1平方毫米的镍铬钢丝能够承受250千克的质量

但是海洋最深的地方要比8 800米深很多，因此只能使用安全系数比较小的，这种钢丝进行探测，以便到达最深的海底。

① 现在已不再用金属丝来测量海洋的深度，而是利用海底回声来计算海底深度（回声测深法）。

用放风筝的方式做高空探测也是一样的道理。在风筝上装上仪表，当风筝升高到 9 000 米的高空或者更高处时，钢丝不但要承受自身的张力，还要承受住风施加给钢丝和风筝的力。

头发有多强韧?

人的头发能比什么强韧呢？乍一看，它也只能跟蜘蛛丝相比较了。但事实上，头发要比许多金属丝强韧。人的头发丝虽然只有 0. 05 毫米粗细，但是却能承受 100 克的质量。我们可以来计算一下截面面积为 1 平方毫米的头发能够承受的质量是多少。已知直径为 0. 05 毫米的圆的面积是

$$\frac{1}{4}\times 3.14\times 0.05^2\approx 0.002\ (\text{毫米}^2)$$

即$\frac{1}{500}$平方毫米。换句话说，就是$\frac{1}{500}$平方毫米的面积上可以承受 100 克的质量。那么 1 平方毫米的面积上应该可以承受 50 000 克，即 50 千克。从图 55 中可以知道，人的头发的强度应该排在铜和铁之间。所以，头发比铅、锌、铝、铂、铜更强韧，不及铁、青铜和钢。

你会发现女子的发辫也有着惊人的承受力。根据计算我们可以知道，200 000 根头发的承受力可达 20 吨，相当于一辆满载的卡车的质量（图 57）。

图 57　女子的发辫有着惊人的承受力

因此，小说《萨兰博》中说古代迦太基人认为妇女的发辫是做投掷机牵引绳的最好材料，这不是没有道理的。

自行车车架为什么用空心管？

假如管子的环形截面面积与实心杆的截面面积相等，那么管子和实心杆做比较，在强度上有什么优势呢？关于这个问题，如果只是比较抗断和抗压强度的话，那是一点优势都没有的，拉断或者压裂管子和杆所需要的力没什么不同。但是如果考虑抗弯强度，两者的区别就大了。例如，弯曲一段杆和一段与其截面面积相等的管子，结果是弯曲一段杆要容易得多。

伽利略在《关于两门新科学的对话》中写道："我想再说几点关于空心或者中空的固体在抗力方面的意见，人类的技艺（技术）和大自然都在尽情地利用这种空心的固体。这种物体，可以在不增加质量的情况下提高它的强度。这一点可以从鸟的骨头和芦苇上发现，它们的质量很小，但有极强的抗弯和抗断力。麦秆支撑麦穗的质量，要超过整棵麦茎的质量。假如用同样分量的物质将麦秆从空心的变成实心的，它的抗弯能和抗断能力就会大大减弱。曾经也在实践中证实了，空心的棒以及木头和金属管子，要比同样长短、同样质量的实心物体更加坚固，当然，实心的要比空心的细一些。人类利用技艺，把观察到的结果应用到制造各种东西上，把一些东西制成空心的，使它们坚固又轻巧。"

如果我们再进一步研究，看看梁弯曲时所产生的应力会如何，就能明白为什么空心的物体要比实心的更坚固。假设梁 AB 两端被支起来，中间受到重物 Q 的作用（图58）。在重物的作用下，梁会向下弯曲，此时会发生什么呢？梁的上半部被压缩，下半部反而被拉伸了，而中间层（所谓"中立层"）既没有被拉伸也没有被压缩。在梁被拉伸的部分，产生了反抗拉伸的弹性力；在梁被压缩的部分，产生了反抗压缩的弹性力。这两个力都想使梁恢复原来的形状。这个抗弯力随着梁的弯曲程度增大而增大（假设不超出"弹性极限"），直到与重物 Q 所产生的作用相抵消，这个时候梁的弯曲变形也就停止了。

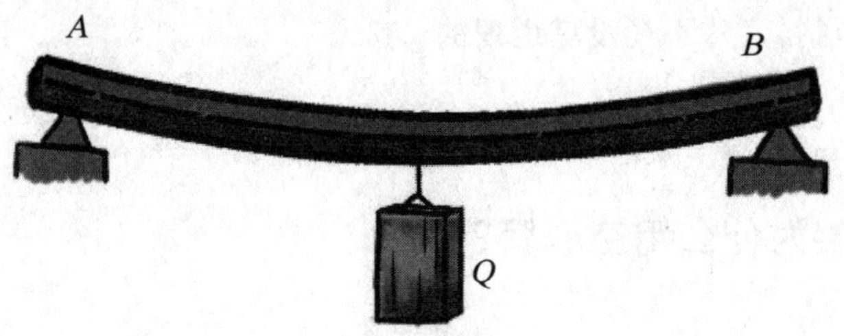

图 58　梁的弯曲

由这个例子可以看出，对弯曲变形有很大反抗作用的是梁的最上一层和最下一层；对于中间各层，距离中立层越近，这个作用就越小。

因此，梁的截面形状最好能使大部分材料距离中立层尽可能远。例如工字梁和槽梁（图 59）上的材料就是按照这种要求分布的。

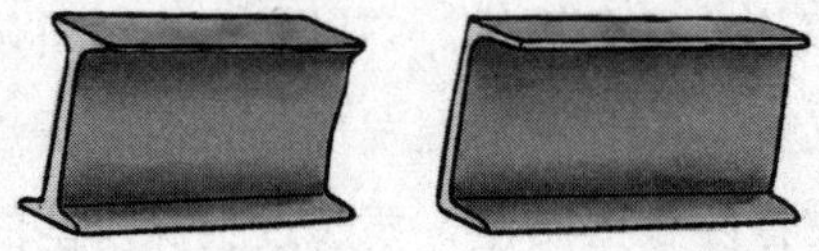

图 59　工字梁（左）和槽梁（右）

尽管这样，梁壁也不能太薄了，应该保证两个梁面不会改变位置，并且保证梁的稳定性。

从节省材料上来说，比工字梁更完善的形式是桁架（图 60）。桁架上

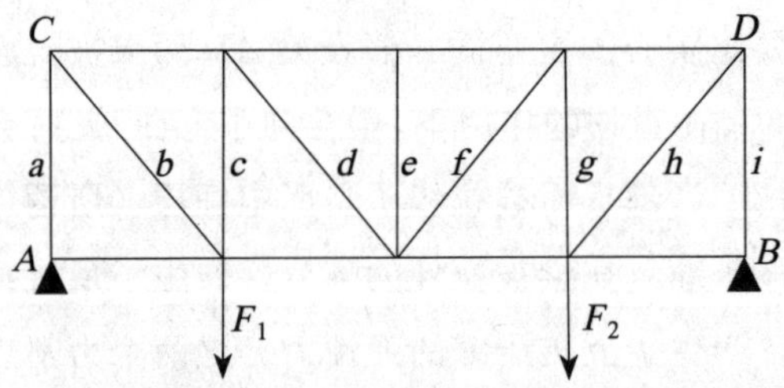

图 60　桁架就强度来说，代替了实体梁

去除了全部接近中立层的材料，并且变得更轻。图 60 中，把杆 a，b，…，i 用弦杆 AB 和 CD 连接起来，代替整块材料。读者通过前面的内容就可以知道，在负载 F_1 和 F_2 的作用下，上弦杆要被压缩，下弦杆要被拉伸。

现在，相信读者已经明白管子相较实心杆的优越性了。这里我们再补充一些数字来说明一下。假设有两根同样长短的圆形梁，一根是实心的，一根是空心的管子。管子的环形截面面积跟实心梁的相等，两根梁的质量也相等。它们之间的抗弯力差别却很大：通过计算我们知道，管子梁在抗弯能力上要比实心梁强 112%。

七根树枝中有什么力学原理?

伙伴们，一把笤帚，如果把它解开，你能把枝条一根根折断。如果是捆在一起的呢，看你还能不能把它们折断?

——绥拉菲莫维支《在夜晚》

大家都知道七根树枝的寓言：父亲为了使儿子们和睦地生活下去，把七根树枝捆成一捆，让他们折断这捆树枝。儿子们一个个试过，都失败了。这时父亲把这捆树枝拿过来，把它拆散，非常容易地一根根折断了。

如果从力学中强度的角度看这个寓言故事，做一番研究也很有趣。

在力学中，杆的弯曲程度是用挠度（图 61）来度量的。杆的挠度越大，离折断的时刻就越近。挠度的大小 x 可用以下式子表示：

$$x=\frac{1}{12}\times\frac{Pl^3}{\pi Er^4}$$

其中，P 是作用在杆上的力；l 是杆的长度；E 是杆的材料弹性质量；r 是杆的弯曲半径。

图 61　弯曲的杆

可以把这个公式用在上面所说的树枝上。捆在一起的七根树枝大致如图62所示，图中画出了它的一个端面。我们可以把这捆树枝看成一根实心杆（前提是要把这些树枝捆得相当紧）。

图62　捆在一起的七根树枝

从图上看，这捆树枝的直径等于单根树枝直径的3倍。弯折（折断也是一样）单根树枝，要比弯折（折断）整捆树枝容易得多。这两种情况中，要想得到一样的挠度，设对一根树枝用的力是p，对整捆树枝要用的力是P，则p和P之间的关系可以写成：

$$\frac{1}{12}\times\frac{pl^3}{\pi Er^4}=\frac{1}{12}\times\frac{Pl^3}{\pi E(3r)^4}$$

从而推出

$$p=\frac{P}{81}$$

由此可以看出，虽然父亲要用七次力，但是每次所用的力只是每个儿子所用力的$\frac{1}{81}$。

第八章　功·功率·能

大炮所做的功是多少？

“千克力米是什么意思？”

一般你都会得到这样的答案：“千克力米是指把 1 千克物体提升 1 米高度所做的功[①]。”

这样来解释功的单位，许多人认为已经是非常详尽的了。如果再加上一句，说这个“提升”是在地面上进行的，就更加完善了。但是，如果你也对此毫无异议，那么针对下面的问题，你就要好好研究一下了。

一门大炮，炮膛长 1 米，竖直地向空中射出 1 千克重的炮弹。显然，炮膛里的火药燃烧产生的气体一共只在 1 米的距离上起作用，因为在炮弹射出后，气体就不再对炮弹产生压力了。这些气体把 1 千克的炮弹提升了 1 米高度，即一共只做了 1 千克力米的功。火药所做的功真的只有这么小吗？

如果真是这样的话，即使不用火药，也可以用手把炮弹抛向高空了。很明显，这里边一定有什么错误认识被忽略了。

到底是什么错误认识呢？

错误之处就在于，我们在考虑所做的功的时候，只注意到了这个功比较小的部分，而忽略了最主要的部分。我们没有考虑到，炮弹从炮膛出来时有

① 功的国际单位制单位为焦耳，简称“焦”，用符号“J”表示，$1J = 1N \cdot m$。本书写作年代较早，其单位使用与现行规范有出入，为尊重作品原貌，未作改动。

了速度，而这个速度是在发射前没有的。也就是说，火药做的功，不但是让炮弹上升了 1 米的高度，还表现在给炮弹一个极大的速度上面。刚才恰恰没有考虑到这一部分功。如果加上炮弹的速度，就能很容易地求出真正的功了。假设炮弹的速度是 600 米 / 秒，即 60 000 厘米 / 秒，当炮弹的质量是 1 千克（1 000 克）时，炮弹的动能为

$$\frac{mv^2}{2}=\frac{1\,000\times60\,000^2}{2}=18\times10^{11}$$ （尔格[①]）

尔格是达因[②]厘米（即一达因力推动物体移动 1 厘米所做的功）。由于 1 千克力米大约等于 $1\,000\,000\times100=10^8$（达因厘米），因此炮弹的动能是

$$18\times10^{11}\div10^8=18\,000$$ （千克力米）

由此可见，仅仅是因为对千克力米定义的不正确解读，就忽略了这么大的一部分功。

对于这个定义，相信现在应该有了更清晰的解释：千克力米是指在地球表面上提升 1 千克静止的重物到 1 米高度时所做的功。这里还要强调一个条件，即提升到最后，重物的速度应该等于零。

把 1 千克砝码提升到 1 米的高度，这不是个难事。可是，我们究竟要用多大的力来提这个砝码呢？用 1 千克力肯定提不起来，得用比 1 千克力大的力才行：提起的力要超过 1 千克砝码受到的重力。但是，持续作用的力会让提升起来的重物产生加速度，砝码在被提起到终点之后，会有一定的速度，而且这个速度不会是零。也就是说，所做的功也不是 1 千克力米，而是比 1 千克力米大些。

那么，如何才能做到，将 1 千克砝码提升 1 米时恰好做出 1 千克力米的功呢？你可以这样提升砝码：在最初提起时，要用比 1 千克力大一些的力，这样就给了砝码一个向上的速度，继而就要减小提升力，让砝码的运动慢下来。停止向砝码施力的时机要选得恰到好处，让砝码在速度变成零时恰好升高了 1 米。这样的话，就不是向砝码施加一个大小不变的力，而是施加一个大小变化的力，这个力先要比 1 千克力大，后要比 1 千克力小，这样就可以做出恰好是 1 千克力米的功。

---

① CGS 制单位，1 尔格 $=10^{-7}$ 焦。

② CGS 制单位，1 达因 $=10^{-5}$ 牛顿

怎样计算功?

上一节中，我们已经知道，要将 1 千克重物提升 1 米高，而且要恰好做出 1 千克力米的功是一件非常复杂的事情。因此，最好的办法就是不要采用这个定义，这个定义看起来简单，实际上却让人很难理解。

下面要说的这个定义就比它简单多了，而且不会产生误解。千克力米表示 1 千克力在 1 米的路程上所做的功，假设这个力的作用方向和位移方向是一致的。

这里的后一个条件——方向一致——是非常必要的。如果忽略了这个条件，后面计算功时就会产生极大的错误[①]。

如果我们想比较发动机的工作能力，就要比较它们在相同的时间内所做的功。时间的单位采用秒，这样会容易些，因为在力学里有个度量工作能力的名词，叫功率。而发动机的功率就是指发动机在 1 秒钟内所做的功。在工程上，功率的单位有千克力米每秒（千克力米 / 秒）和马力两种，1 马力等于 75 千克力米 / 秒。

下面这个题目，算是一个例子吧。

一辆质量为 850 千克的汽车在笔直的水平道路上以 72 千米 / 小时的速度行驶，则汽车的功率是多少？假设汽车行进过程中受到的阻力是汽车所受重力的 20%。

首先，要求出使汽车行进的力。汽车匀速运动时，这个力的大小跟阻力大小相等，即

$$850\times0.2=170\text{（千克力）}$$

以米 / 秒为单位的汽车速度是

$$\frac{72\times1000}{3600}=20\text{（米 / 秒）}$$

① 有的读者可能会提出这样的意见：即使在这种情况下，物体在路程结束时仍然会有一定的速度，这也应该考虑进去。他们认为 1 千克力在 1 米路程上所做的功也比 1 千克力米大。说这个物体在路程末了具有一定的速度，是完全正确的。然而，力所做的功就是要给物体一定的速度，让它具有一定的动能——这个动能恰好是 1 千克力米。如果不是这样的话，那就破坏了能量守恒定律，所得到的能量比所消耗的能量小。至于竖直提升物体，则是另外一回事了：把 1 千克的重物提升 1 米高时，势能增大到 1 千克力米。如果物体还能获得一定的动能，那么物体获得的能就不止 1 千克力米了。

因为动力的方向和运动的方向相同，所以力乘以汽车每秒钟行驶的路程，即可求出汽车在 1 秒钟里所做的功，则汽车的功率是

170（千克力）×20（米 / 秒）= 3 400（千克力米 / 秒）

换算成马力的话，大约是

3 400÷75 = 45.33（马力）

宇宙火箭的运行速度

假设有一支强力火箭（在一定高度上，介质阻力忽略不计），当火箭发动机终止工作时，火箭获得一个很大的竖直向上的速度远离地球而去。

如果没有地球引力，由于惯性，火箭将会以不变的速度向宇宙空间前进。就因为有地球的引力，火箭的速度会逐渐慢下来。对于星际飞行，很重要的一件事是研究火箭离开地球后速度减小的情况。

众所周知，任何运动体都具有动能。假设用 v_0 表示在 A 点关闭发动机时火箭的速度，火箭的质量是 m，那么它的动能是$\frac{mv_0^2}{2}$。

为了方便理解和说明，假设 A 点就在地球表面上（图 63）。经过很短的一段时间，火箭离开了地球表面一段距离 h，到达 B 点。此时火箭的动能比开始时减小了一些，因为使火箭上升消耗了一部分能量，这是为了克服地球引力所做的功（暂时不去考虑介质阻力的影响，因为事实上，火箭的发动机是在火箭穿越了大气层后才关闭的）。B 点的速度 v_1 一定小于 v_0，减小的动能为$\frac{mv_0^2}{2}-\frac{mv_1^2}{2}$。

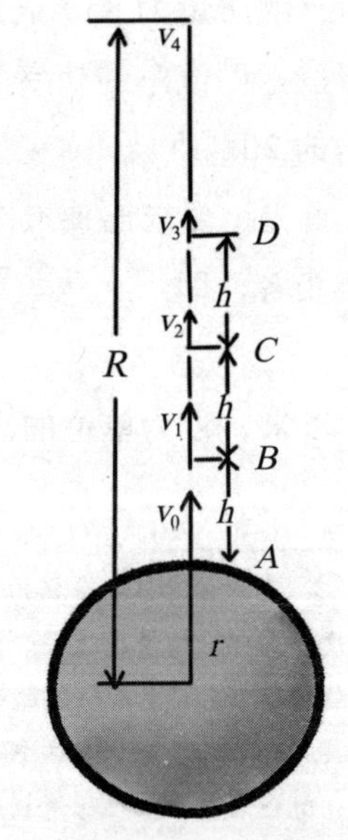

图 63 火箭竖直向上飞行

根据万有引力定律可得，A、B 两点的地球引力分别是

$$F_A=\gamma\frac{mM}{r^2},\ F_B=\gamma\frac{mM}{(r+h)^2}$$

如果用图表示，恒力 F 在火箭飞行距离 h 的

过程中所做的功等于图 64 中矩形阴影的面积。这个矩形的面积等于两个边长的乘积 Fh，根据定义，这就是力 F 在火箭飞行距离 h 的过程中所做的功。

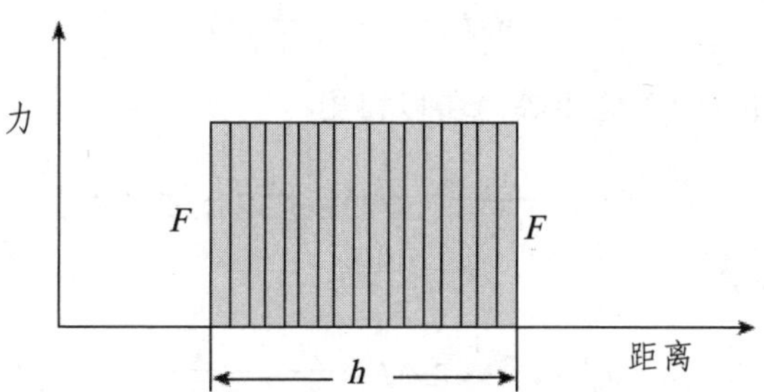

图 64　恒力做的功的数值可以用矩形面积表示

但是在我们现在的题目中，F_A 和 F_B 的值不相等。因此，克服地球引力做的功在数值上应该相当于图 65 所示，是一个梯形的面积①。

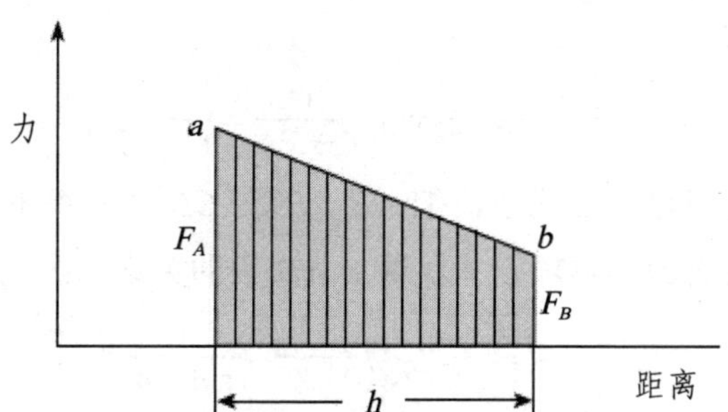

图 65　变力做的功的数值可以用梯形面积表示

$$\frac{F_A+F_B}{2}h=\gamma\frac{mM}{2}[\frac{1}{r^2}+\frac{1}{(r+h)^2}]h$$

上式中，括号里的式子可以改写成另外一种形式：

$$\frac{1}{r^2}+\frac{1}{(r+h)^2}=\frac{r^2+2rh+h^2+r^2}{r^2(r+h)^2}$$

因为 h 极小，h^2 的值就更小了，就算把分子中的 h^2 删除，对于计算结果也不会产生太大影响，而上式变为

① 随着高度的增加，地球引力的减小幅度并不是均匀的，所以图 66 中的 ab 线实际上是一条曲线，但是由于 h 非常小，因此 ab 线跟直线差不多。

$$\frac{1}{r^2}+\frac{1}{(r+h)^2}=\frac{2r^2+2rh}{r^2(r+h)^2}=2\frac{1}{r(r+h)}=\frac{2}{h}\left(\frac{1}{r}-\frac{1}{r+h}\right)$$

因此，在火箭飞行距离 h 的过程中，需要克服地球引力的功为

$$\gamma mM\left(\frac{1}{r}-\frac{1}{r+h}\right)$$

这个功与火箭减小的动能相等，所以得出

$$\frac{mv_0^2}{2}-\frac{mv_1^2}{2}=\gamma mM\left(\frac{1}{r}-\frac{1}{r+h}\right)$$

稍微演算一下就是

$$v_0^2-v_1^2=2\gamma M\left(\frac{1}{r}-\frac{1}{r+h}\right)$$

紧接着又过了一段时间，火箭到达 C 点，速度是 v_2，继续前进到达 D 点，等等。按照上面的方法，得出：

在 BC 段：

$$v_1^2-v_2^2=2\gamma M\left(\frac{1}{r+h}-\frac{1}{r+2h}\right)$$

在 CD 段：

$$v_2^2-v_3^2=2\gamma M\left(\frac{1}{r+2h}-\frac{1}{r+3h}\right)$$

根据上面推算出来的式子，把 AB、BC、CD 各段得出的等式相加，并将它们左、右两边的同类项合并，得出 AD 段的关系式：

$$v_0^2-v_3^2=2\gamma M\left(\frac{1}{r}-\frac{1}{r+3h}\right)$$

显然，当火箭离开地心的距离是 R，即离开地球表面 $R-r$ 时，上面的式子就可以改写成

$$v_0^2-v_R^2=2\gamma M\left(\frac{1}{r}-\frac{1}{R}\right)$$

式中，V_R 表示火箭到地心的距离是 R 时的速度。

因为 $\gamma M=gr^2$（参考第五章第二节内容），那么

$$v_0^2-v_R^2=2gr\left(1-\frac{r}{R}\right)$$

式中，g 是地球表面的重力加速度。根据这个式子，如果知道了初速度 v_0，就可以求出到地心任意距离 R 的火箭速度。当然，这个结论只适合于竖直上升的火箭。而且我们得到的上面这个式子，要求初速度的方向并不完全是

竖直的，因为火箭的飞行路线必然是曲线形式的。要想对上式做出严格证明是比较困难的，但我们可以举例来论证它是适用的。

跟直线距离 s（图 66 左）成 α 角的方向上的力所做的机械功，可以用下式算出：

$$A = Fs\cos\alpha$$

如果力 F 与距离 s 在同一方向上（图 66 右），那么 $\alpha = 0°$，$\cos\alpha = 1$，力 F 所做的功为

$$A = Fs$$

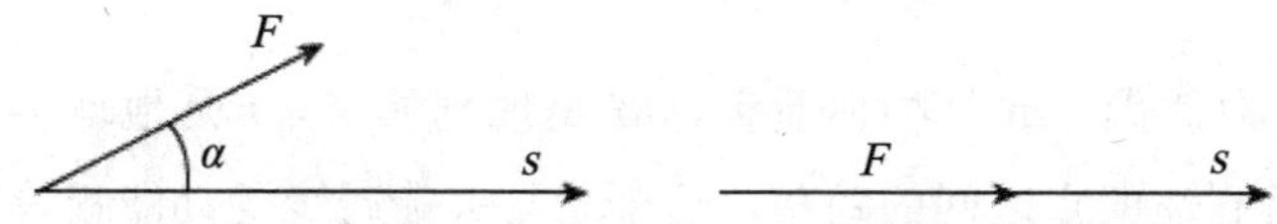

图 66　计算作用方向跟运动方向成一角度的力所做的功

假设一个重物受到的重力是 P，它从 M 点沿直线上升到 N 点（图 67）。在此过程中，为了克服物体所受重力所做的机械功为

$$A = P\cdot\overline{MN}\cos\alpha$$

由图中三角形 MNK 可知，$\overline{MN}\cos\alpha = \overline{KM}$。所以，功 $W = P\cdot\overline{KM}$，也就是说，做这个机械功跟把重物竖直提升 MK 的高度时所做的功相同。因此，如果 K、N 的高度相同，这个重物无论是沿着 MN 运动，还是沿着 MK 运动，所做机械功的值都是相同的。

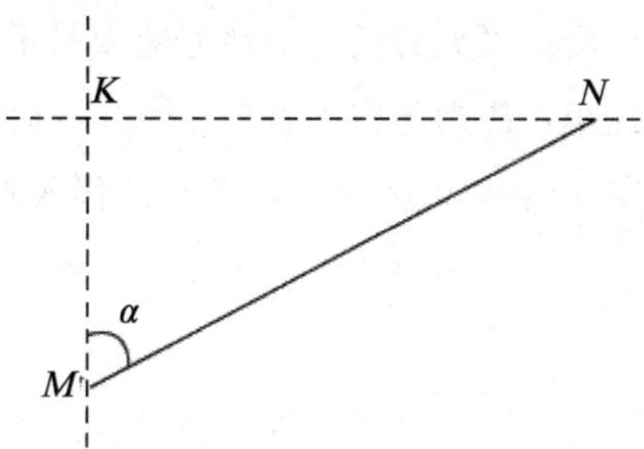

图 67　如果 K、N 两点处在同一高度上，那么重物无论是沿 MK 运动还是沿 MN 运动，克服重力所做的功相同

上面说的这个例子是在一般规律下的个别情况：克服物体所受重力所做的机械功，只取决于物体位置的高度差，而与物体运动路线的形状无关。所做的机械功的值等于物体所受重力和物体高度差的乘积。之所以说这个结论是一般规律下的个别情况，是因为这个结论只有在物体在地球表面附近运动，并且把地球表面当作平面看待的时候才适用，此时物体所受重力可以看成是不变的。假如再考虑到地球是一个球体，按照万有引力定律，地球引力随着距离的变化而变化，那么把一个物体从地球表面提升到一定高度需要做的功为

$$A = \gamma mM\left(\frac{1}{r}-\frac{1}{R}\right)$$

式中，γ 是引力常数，m 是物体质量，M 是地球质量，r 是地球半径，R 是地心和物体所到达的点之间的距离。这个功与火箭减少的动能相等，这样我们就能得到跟竖直上升的情形相同的计算火箭到达距离地心 R 处时的速度公式：

$$v_0^2-v_R^2 = 2gr\left(1-\frac{r}{R}\right)$$

第二宇宙速度

设想一下：假如我们想要火箭永远地飞离地球，不再返回，火箭的初速度 v_0 需要达到多大呢？因为火箭离地球越远，速度就会越小，我们可以再设定一个条件：假设火箭在“无穷远”的地方速度等于零。根据我们在上节中演算出的公式，在这里，R 为无穷大（$R=\infty$），火箭到达终点（“无穷远”处）时的速度为零（$v_R = v_\infty = 0$），把它们代入式子，就会得到：

$$v_0^2 = 2gr$$

因此得出：

$$v_0 = \sqrt{2gr}$$

上面推算出来的速度，就是所谓的“逃逸速度”，或者叫“脱断速度”，这个速度的方向如果跟竖直线成一定的角度，那么火箭飞出的轨道曲线就叫

作抛物线，因此脱断速度又叫作抛物线速度。

抛物线速度在地球表面等于 7.9×$\sqrt{2}$ = 11.2（千米 / 秒）。这就是第二宇宙速度，只要火箭具备了这个速度，就能永远离开地球。但是，实际上它还是不能飞到无穷远，因为在它飞离地球一定距离时（几百万千米），就会进入太阳引力的范围内，变成了太阳的“卫星”——人造行星。

第三宇宙速度

火箭如何克服地球引力和太阳引力的作用呢？要想实现这一目标，火箭必须达到更大的速度，这个速度大到超过了第二宇宙速度。那时候没有太阳引力，火箭脱离地球飞向无穷远时所走的轨道就不是抛物线了，而是另外一种轨道——双曲线。尽管火箭的速度会减小，但是就算到了无穷远处也不会变成零，而是依照下面的式子变化（参考前面内容中所说的宇宙火箭的速度公式）：

$$v_R^{\ 2} = v_\infty^2 = v_0^{\ 2} - 2gr$$

式中的 $2gr$ 其实就是抛物线速度的平方，因此：

$$v_\infty^2 = v_0^{\ 2} - v^2_{\text{抛}}$$

由此，我们大体上可以这样认为：在距离地球几百万千米远的地方，火箭相对于地球的速度等于火箭在“无穷远处的剩余速度”。这个看法是不会有很大问题的。

要想让火箭在几百万千米外脱离太阳引力的束缚，就需要它具有更高的速度，至少应该等于相对太阳而言的抛物线速度。

而这个抛物线速度并不难算出。把地球绕太阳公转的轨道速度当作地球和太阳之间的平均距离上的圆周速度（地球的椭圆轨道跟圆周相差不大），这个速度是 29.8 千米 / 秒。因此，把这个圆周速度乘以$\sqrt{2}$，就可得出相对太阳而言的抛物线速度：29.8×$\sqrt{2}$ = 42.1（千米 / 秒）。

为了得到这个速度，在发射火箭时最好能够完全利用地球绕太阳公转的速度。在火箭飞出几百万千米脱离地球引力范围时，火箭相对于地球的速度应该是 42. 1−29. 8 = 12. 3（千米 / 秒）。

这个数值表示的速度，我们可以把它当作“无穷远处的剩余速度”（v_{∞}），把它代入上面推算出的公式，得：

$$v_{\infty}^{2} = v_{0}^{2} - v_{抛}^{2}$$

假设 $v_{抛}$ = 11. 2 千米 / 秒，得：

$$v_{0} = \sqrt{v_{\infty}^{2} + v_{抛}^{2}} = \sqrt{12.3^{2} + 11.2^{2}} = 16.7\ （千米 / 秒）$$

所求出来的这个速度就是第三宇宙速度。火箭只要达到了这个速度，就能够克服地球和太阳的引力束缚，永远脱离太阳系。而这个速度也没有比第二宇宙速度大很多。

拖拉机的牵引力是多少？

拖拉机“挂钩”上的功率是 10 马力。在换到下列挡位（速度）时，它的牵引力是多少？假设：

第一挡速度 ……………………2. 45 千米 / 时

第二挡速度 ……………………5. 52 千米 / 时

第三挡速度 ………………… 11. 32 千米 / 时

功率是 1 秒钟内所做的功（单位为千克力米 / 秒），它就等于牵引力（单位为千克力）与每秒所走路程（单位为米）的乘积。因此，对于“第一挡”速度，可以得到这样的方程式：

$$75 \times 10 = x \times \frac{2.45 \times 1\,000}{3\,600}$$

其中，x 表示拖拉机的牵引力，那么通过计算就能得出 $x \approx 1\,100$ 千克力。

相同的道理，可以求出“第二挡”速度时的牵引力是 490 千克力，“第三档”速度时的牵引是 240 千克力。

这个结果跟人们的“常识”正相反，竟然是速度越小时牵引力越大。

一秒钟各能做多少功?

一个人是否能够产生 1 马力的功率呢？换句话说，一个人是否能够在 1 秒钟内做 75 千克力米的功呢？

一般，一个人在正常工作条件下的功率大约是$\frac{1}{10}$马力，即 7 ～ 8 千克力米 / 秒。但是在特定条件下，人可以短时间内产生大很大的功率。例如，当我们急匆匆奔上楼梯的时候（图 68），功率在 8 千克力米 / 秒以上。假设每秒钟使身体升高 6 个台阶，体重为 70 千克，楼梯每阶高 17 厘米，我们所做的功为

$$70 \times 6 \times 0.17 = 71.4 \text{（千克力米）}$$

得出的结果非常接近 1 马力。当然，这样的状态我们只能维持几分钟，然后就必须休息一下。如果把这些没有运动的时间也算在内，那我们的平均功率不超过 0.1 马力。

图 68　人急速奔上楼梯的时候可以产生大约 1 马力的功率

几年前，在短距离（90 米）赛跑中曾经出现这样的情况：运动员产生了 550 千克力 / 秒的功率，即 7.3 马力。

一匹马也能把它的功率提高十倍甚至更多倍。例如，一匹体重 500 千克的马在 1 秒钟内完成 1 米高的跳跃，做的功是 500 千克力米（图 69），其功率相当于

$$500 \div 75 = 6.7 \text{（马力）}$$

这里还要特别强调一下：1 马力功率相当于一匹马平均功率的 1.5 倍。因此在上面这个例子里，马的功率已经是提高到 10 倍了。

图 69　马在此时产生约 7 马力的功率

“活体发动机”能在短时间内把功率提高许多倍，这就是其比机械发动机好的地方（图 70）。在平坦的公路上，10 马力的汽车无疑要比两匹马拉的马车好很多。但是，在沙地上，汽车会陷入沙土里，而两匹马在需要的时候会产生 15 马力或者更大的功率，因此能够避免陷入沙地。

图 70　“活体发动机”此时比机械发动机好

有位物理学家曾经针对这种事情说：“从某些观点来看，马确实是很有用处的机器，它的效能在汽车没有发明之前还不太明显，一般的马车都是只套上两匹马。而汽车，为了不在一个小丘前停下来，一定要套上至少 12 到 15 匹马。”

为什么合力不只是简单的加法？

在我们比较“活体发动机”和机械发动机时，还要注意非常重要的一点：几匹马的合力并不是简单的算术加法。两匹马一起拉一个物体时，它们的合力要比一匹马的力的两倍小；三匹马一起拉的时候，它们的合力也比一匹马的力的三倍小；等等。之所以出现这种现象，是因为拴在一起的几匹马用力并不协调，有时还会互相妨碍。实验证明，不同数量的马匹套在一起，它们的功率如表 2 所示。

表 2　不同数量的马匹套在一起的功率

套在一起的马匹数	每匹马的功率 / 马力	总功率 / 马力
1	1	1
2	0.92	1.9
3	0.85	2.6
4	0.77	3.1
5	0.7	3.5
6	0.62	3.7
7	0.55	3.8
8	0.47	3.8

从表 2 中可以看出：套 5 匹马共同工作，所产生的牵引力并不是一匹马的牵引力的 5 倍，而是 3. 5 倍；8 匹马所产生的牵引力只是一匹马的牵引力的 3. 8 倍。如果再继续增加马匹数，效果还会更差。

由此可知，一台 10 马力的拖拉机在实际运用中是一定不能用 15 匹马来代替的。

一般来说，不管是多少匹马也不能代替一辆即使马力相当小的拖拉机。

法国人有一句俗语：“一百只兔子是变不成一头大象的。”我们可以改变一下说法来说明这个问题：“一百匹马代替不了一台拖拉机。”

机械发动机的功率有多大?

我们的周围有很多机械发动机，但是我们未必了解这些“机器奴隶”的威力。列宁把机械发动机称为“机器奴隶”，真是最恰当不过了。机械发动机之所以比“活体发动机”好，是因为它在很小的体积里面集中了巨大的功率。在古代，人们所知道的最强大的“机器”，只有马或者大象。那个时候想要加大功率，只有增加牲口的数量。

在100多年前，20马力的蒸汽机是最强马力的机器，可是它足有2吨重。每1马力要平均到100千克的机器质量上。为了方便理解，我们规定1马力的功率和一匹马的功率相同。对于马来说，每马力折合500千克质量（马的平均质量）；而对于机械发动机来说，每马力约合100千克质量。蒸汽机就相当于把5匹马的功率集合到1匹马的身上一样。

现代，2 000马力的机车重100吨，它的每马力质量已经很小了；功率为4 500马力的电气机车重120吨，每马力只折合27千克的质量。

在这方面，有很大发展空间的是航空发动机。一部550马力的航空发动机只有500千克，每马力折合1千克都不到的质量[①]。从图71中可以形象地看出这个比值：马头涂黑的部分表示在各种机械发动机中，一马力平均折合多少质量。

图71　在各种机械发动机中，1马力平均折合多少质量?

比图71表示得还要清楚明白的，是图72中小马（航空发动机）和大马在质量上的鲜明对比。

图72　航空发动机和马在功率相同的情况下的质量对比

① 有些现代航空发动机每马力的折合质量已经减小到0.5千克甚至更小了。

从图 73 中，我们可以明显看出一部小型航空发动机的功率和马的功率相比较的情况：162 马力发动机的汽缸容量一共只有 2 升。

图 73 汽缸容量为 2 升的航空发动机的功率是 162 马力

顾客是如何受欺骗的？

在旧社会里，一些不厚道的商人在称量货物时，不是直接把最后用来平衡的一份货物放到秤盘里，而是从高一些的地方把它丢下去。这时候盛货物的一侧就会倾斜下去，顾客往往会受此欺骗。

如果顾客能够等到天平停下来，就会发现所称的货物并不能使天平保持平衡。

因为，落下的物体加在着力点上的压力，要比物体本身所受的重力大。我们可以通过计算解释这个现象。假设有 10 克的物体从 10 厘米高的地方落到秤盘上。在物体落到秤盘上时，它具有的能量等于物体所受重力和落下高度的乘积：

$$0.01\text{（千克力）}\times 0.1\text{（米）} = 0.001\text{（千克力米）}$$

这个能量消耗在了使秤盘下沉上。假设秤盘下沉了 2 厘米，用 F 表示此时作用在秤盘上的力，则

$$F\times 0.02 = 0.001$$

得到 $F = 0.05$ 千克力$=50$ 克力。

由这个结果就能看出，虽然这个货物只有 10 克的质量，但是它落到秤盘上的时候，除了其自身所受重力外，还产生了 50 克力的压力。顾客离开

柜台时，以为货物称量得一点都不差，但实际上却是少称了 50 克。

斧头砍进木头时有哪些动能?

在伽利略奠定力学基础（1630 年）之前约 2 000 年，亚里士多德就写了《力学问题》。这本著作中共列出了 36 个问题，其中有下面这样一个问题：

> 假如一把斧头放在木头上，在斧头上面压上重物，结果木头受到的破坏非常有限；但是如果拿掉重物，把斧头提起来砍到木头上时，木头遭受的破坏会非常大，甚至会被劈开。这又是什么道理呢？且砍时所用的力量要比压在木头上的重量小很多。

依靠亚里士多德时期对力学的模糊认知，很难回答这个问题；即使到了现代，也有许多读者不能很好地解释这个问题。这里，我们一起来研究研究这个问题。

将斧头砍进木头，是一个怎样的过程呢？假设斧头的质量为 2 千克，它被举高到 2 米，那么举起时得到的势能是 $2\times2=4$（千克力米）。斧头落下的运动是在两个力的作用下完成的：一个是重力，一个是人的臂力。如果斧头只在自身所受重力的作用下落下来，它在落到底的时候所具有的动能应该等于被举起时所得到的势能，即 4 千克力米。但是，人用臂力加快了斧头落下的速度，使它得到了更多的动能。假设人在上下挥动斧头的时候所用力量完全相同，那么斧头在落下时额外获得的一份动能应该等于举高时的势能，也是 4 千克力米。因此，斧头砍木头时，一共有 8 千克力米的能。

斧头会砍到木头，并且会砍进木头里，那么问题来了，它会砍到多深呢？假设斧头砍进去 1 厘米，即斧头在 0.01 米的距离内速度变成了零，也可以说斧头的动能全部被消耗了。知道了这一点，就不难求出斧头加在木头上的压力。用 F 表示这个压力，得

$$F\times0.01=8$$

从而得出 $F=800$ 千克力。

这就是说，斧头以 800 千克力的力砍进了木头里。如此大的力，劈开木头有什么好奇怪的呢？

这样就解答了亚里士多德的问题。但这里又给我们提出了新问题：人的肌肉是不能直接把木头劈开的，那么它是怎么把自己的力传到斧头上的呢？答案是，在一上一下 4 米的路程中所得到的能，在一段 1 厘米的距离内消耗完了。

通过上面这个问题，我们了解到，在使用压力机代替汽锤时，为什么一定要用力量极大的压力机。例如，150 吨的汽锤要用 5 000 吨的压力机代替，20 吨的汽锤至少要用 600 吨的压力机才可以代替，等等。

同样的道理也可以解释马刀的作用。当然，这其中也有力的作用集中到了面积极小的刀刃上的原因，每平方厘米上的压力变得极大（几百个大气压）。挥动马刀的幅度也很重要：在砍击之前，马刀一端挥动了大约 1.5 米的路程，而在敌人身上只砍进了大约 10 厘米。在 1.5 米路程中得到的能量，在 0.1 米的路程上完全消耗掉，因此，战士的手臂就好像增加了 15 倍的力量。另外，和砍的方法也有很大关系：战士使用马刀时，并不是只有砍击，在砍击后的一瞬间还要把刀抽回来。所以，马刀是在砍切，而不是砍击。你可以试一试用砍击的方法把一块面包分成两半，你就会发现，这比把面包切成两半困难多了。

包装是如何保护易碎物品的？

生活中，包装易碎的物品时，一般都会用稻草、刨花、纸条等材料做衬垫（图 74）。这样做的目的是防止物品被震碎。为什么稻草、刨花能够保护物品不被震碎呢？如果答案是在震动时它们能够“减缓”碰撞，那么这个答案实际上只是重复叙述了问题而已，并没有找出具体的减缓碰撞的原因。

图 74　鸡蛋装箱的时候用刨花做衬垫

这里面的原因有两个。

第一个原因是，衬垫的材料增大了易碎物品互相碰撞时的接触面积：一个物品的尖锐棱角通过衬垫材料与另外一个物品接触，就不是简单的点对点或线的接触，而是成了片或者面的接触。此时，力的作用分布到比较大的面积上，压力就会相应减小。

第二个原因只有在震动时才会表现出来。一个装有脆性物品的箱子产生震动，例如箱子里装的是杯盘，此时每一个物品都会运动起来，而它们的运动又会马上停止，这是因为紧挨着它的物品阻碍了它的运动。此时，运动的能量要全部消耗在挤压相撞的物品上，结果就会造成物品被撞碎。因为这个能量只是消耗在了很短的路程上，所以它的挤压力会非常大，这样这个力 F 和距离 s 的乘积（Fs）才会等于所消耗的能量。

现在就可以知道这些衬垫的作用了：它们使力的作用距离（s）变长了，因此减小了挤压的力（F）。换言之，衬垫与物品的接触部分把力的作用距离延长了几十倍，也就把力的大小给减小到几十分之一了。

这就是脆性物品之间放衬垫能起到防护作用的第二个原因，也是最主要的原因。

机械测步仪的能量从哪里来?

你见过一种小巧的仪器叫测步仪的吗？它的大小、形状跟怀表差不多，可以放在衣服的口袋里，用来自动测量人行走的步数。图 75 展示的就是这种仪器的表盘和内部构造。这个仪器最主要的部分是重锤 B，它固定在杠杆 AB 的一端，并且杠杆 AB 可以绕轴 A 旋转。平时，一根软弹簧使重锤 B 停留在仪器的上半部。当人走路的时候，每走一步，人体都会先稍微升高一些，然后立刻落下，测步仪也就跟着上下运动。测步仪上升时，由于惯性，重锤 B 并不是马上随着测步仪上升的，它反抗着弹簧的弹力，留在了仪表的下半部。测步仪下落时，重锤 B 又要往上移动。因此，人每走一步，杠杆 AB 就会摆动两次，一上一下。杠杆 AB 摆动时，通过小齿轮使表盘上的指针转动，从而记录人行走的步数。

图 75　测步仪和它的构造

如果有人问测步仪工作时的能源是什么，人们应该会毫不犹豫地说是人的肌肉所做的功。如果有人认为不管有没有测步仪，人都是在走动，因此没有对测步仪做额外的功，那就错了。步行的人无疑是要多用一些力的，用来克服重力和拉住重锤 B 的弹簧的弹力，以便把测步仪提升到一定的高度。

测步仪的工作原理让人想到了一种靠人们的日常动作带动运转的手表。把它戴在手腕上，人不停地运动就会自动把手表发条上紧。这种表只需要戴在手腕上几个小时，就可以把手表的发条上紧到足够走一昼夜，而且是非常方便的：它总是能够把发条上到一定的松紧程度，保证它走得精确。表壳上没有多余的小孔，可以防止灰尘和水的侵入。这种表看起来只有钳工、裁缝、钢琴家，特别是打字员才适合使用，对于一般脑力劳动者是不适用的。如果你有这种看法，那就错了，因为你忽略了这种表的一个性能，那就是只需要极微小的脉动，这种手表就能走动了。事实上，只需要两三个动作，就可以使重锤带动发条，使手表走上三四个小时。

那么是否可以理解为，这种表不需要佩戴者消耗能量就会一直走下去呢？当然是不可以的。它需要的人的肌肉能量和上紧普通表发条的能量是一样的。戴这种手表的手臂，要比戴普通手表的手臂多消耗一些能量，因为这和测步仪一样，有一部分能量要去克服弹簧的弹力。

从严格意义上说，上面两种机械都不能叫自动机械，只能说是不需要人的照料就可以利用人的肌肉能量的机械。

摩擦取火为什么不容易成功？

按照书本上说的，摩擦取火好像很简单，可实际上做起来并不是那么简单。马克·吐温曾讲过一个故事，提到了他想把书本上的摩擦取火应用到实际中的经过。

我们每人各拿两根木棒，开始互相摩擦，两个小时过去了，结果我们人都冻僵了，木棒也冻得冷冰冰的（故事发生在冬天）。

另外一名作家杰克·伦敦也曾说过同样的事情（在《老练的水手》中）：

我读过许多遇难脱险的人的事后回忆录，他们都曾尝试过这个方法，但是全部都失败了。我想起了那个在阿拉斯加和西伯利亚旅行的新闻记者。有一次，我在朋友家见到了他，他曾讲述怎样想使用木棒互相摩擦的方法来取火。他很风趣地讲述了他的这次失败的试验。

儒勒·凡尔纳在小说《神秘岛》中也谈到了完全一样的看法。下面是老练的水手潘克罗夫跟青年赫伯特的谈话：

“我们可以像原始人一样，把一块木块放到另一块上摩擦来取火呀。”

“好的，孩子，你试试吧；这样做除了两手能磨出血之外，看你还能做出什么成绩来。”

“可是，这个简单方法，在很多地方用得很普遍呀。”

“我不想和你争论，”水手回答说，“但是我认为，那些人对这个方法有他们特别的本事吧。我已经不止一次地试验过这种取火方法，但都失败了。我肯定地认为还是用火柴更好一些。”

儒勒·凡尔纳继续写道：

虽然这样，潘克罗夫仍然去找了两块干燥的木块，试图用摩擦的方法取火。假如他和纳布所付出的能量全部都变成热量的话，足够把一艘横渡大西洋的轮船的锅炉里面的水烧沸，但是结果却是，两块木块只是热了一点点——比试验的人本身的热还少。

努力试了一个小时后，满头大汗的潘克罗夫赌气地把木块丢在了地上。

“让我相信原始人用这个方法取火，还不如让我相信冬天会出现大热天，”他说，“我看，搓两只手来燃着手心，恐怕还要容易一些。”

失败的原因是什么呢？原因在于没有按照应有的方法进行操作。原始人在取火[①]时，并不是简单地让两根木棒相互摩擦，而是用了拿一根削尖的木棒在木板上钻孔的方法。

这两种方法有何不同？进一步研究就会弄明白了。

假设一根木棒沿着另一根木棒来回移动（图76），每秒钟来去各一次，每次移动的距离为25厘米。设人的手压向木棒的力为2千克力（这个数值是随意取的，应该跟实际相差不多）。因为木头和木头之间的摩擦力大约是压向互相摩擦的木棒的力的40%，所以实际作用力是2×0.4＝0.8（千克力），在50厘米的路程上所做的功为0.8×0.5＝0.4（千克力米）。这个机械功如果全部变成热，会产生0.4×2.3＝0.92（卡）的热量。

① 有资料表明，雷电起火是人类最初的火种，后来发明了人工取火。古代取火的工具称为“燧”，取火方法有木燧、金燧、石燧。木燧，即钻木取火。金燧，即聚光取火，类似凸透镜。石燧，即敲石取火。清光绪初年，火镰被普遍使用。1865年，火柴传入中国，称为“洋火”。1920年，法国人发明了最早的灯芯式打火机，“第二次世界大战”后又出现了气体打火机。

图 76　书本里介绍的摩擦取火的方法

这些热量要传到木块的多大体积上呢？

木头的导热性是很差的，所以摩擦生火的热，只能透过木头很浅的一层。

假设木头的受热层只有 0.5 毫米厚[①]，两根木棒互相摩擦的面积是 50 厘米和接触面宽度的乘积，现在假设接触面宽度是 1 厘米。

那么，摩擦产生的热量会使体积为 $50\times1\times0.05=2.5$（厘米^3）的木头生热。这个体积的木头大约重 1.25 克。木头的比热容假设是 0.6 卡/(克·摄氏度)，这些木头应该被加热了

$$\frac{0.92}{1.25\times0.6}\approx1.2\ (℃)$$

根据这个推论可以看出，假如不会因为冷却造成热量损失，那么摩擦木棒每秒钟能使木棒的温度大约提高 1.2℃。但是，因为整个木棒都会受到空气的冷却，所以马克・吐温说的木棒在摩擦时不但没有变热，甚至被冻得冷冰冰的，是基本接近事实的。

如果我们改用钻木取火的方法，那就会是另一种情形了（图 77）。假设旋转的木棒与木板接触的那一端的直径是 1 厘米，且有 1 厘米的长度钻在木板里。钻弓长 25 厘米，每秒来回各拉动一次，拉动钻弓的力假设为 2 千克力。在这种情况下，每秒钟所做的功依然是 $0.8\times0.5=0.4$（千克力米），产生的热量仍然是 0.92 卡，但是此刻木头的受热体积要比刚才小很多，一共只有 $3.14\times0.05\approx0.15$（厘米^3），质量也只有约 0.075 克。因此，理论上木棒这一端的温度应该每秒钟升高

$$\frac{0.92}{0.075\times0.6}\approx20\ (℃)$$

① 读者可以从下文看出，受热层如果假设得厚些，对结果并没有很大的影响。

实际上，温度这样升高（或者接近于这样提高）的确可以实现，因为钻的时候木头的受热部分很不容易散失热量。木头的燃点大约是 250℃，因此，想要木棒燃烧，用这种方法继续钻 250÷20 = 12.5（秒）就可以了。

图 77　实际上是这样摩擦取火的

据人类学家推测，有钻木取火经验的原始人只需几秒钟就可以取到火[①]。这证明了我们的计算是正确的。其实，大家都知道，大车的车轴如果润滑不好，时常会被烧坏，原因和上面所说的完全相同。

① 除了钻木取火的方法外，原始人还有许多别的摩擦取火的方法，如“火犁”和“火锯”法等。用这两种方法时，要求木头的受热部分和木屑都要保证不会冷却。

第九章　摩擦与介质阻力

雪橇会在什么地方停下来?

雪山上的滑道，斜度是30°，长12米。从上面滑下一个雪橇，到了水平面上时还会继续前进。这个雪橇会在什么地方停下来呢？

假如这个雪橇在雪面上滑时不受一点摩擦力，那它永远不会停止，会一直滑下去。但雪橇实际是会受到摩擦力的，虽然这个摩擦力不大：雪橇底下的铁条与雪的摩擦系数是0.02。因此，雪橇从山上滑下来，当它的动能全部消耗在克服摩擦力上时，它就会停下来。

想要计算雪橇滑下的距离，就要先算出雪橇从山上滑下时具有的动能。雪橇滑下的高度AC（图78）等于AB的一半（因为30°角的对边长等于斜边长的一半），所以$AC=6$（米）。如果雪橇所受重力为P，那么雪橇滑到山脚下时具有的动能应该是$6P$焦耳（在不考虑摩擦的情况下）。

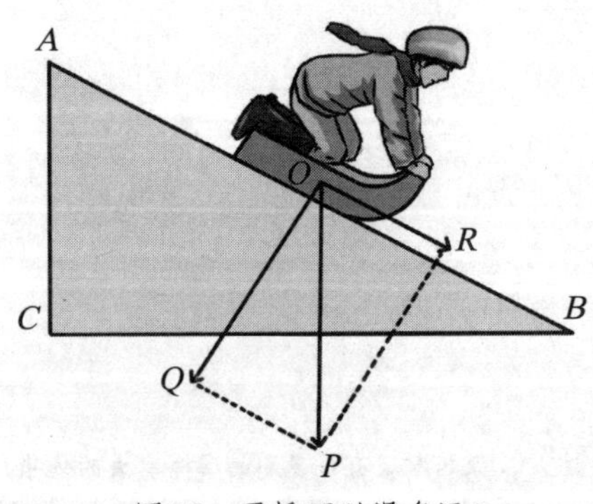

图78　雪橇可以滑多远?

把重力 P 分解成两个分力，一个是跟 AB 垂直的分力 Q，另一个是跟 AB 平行的分力 R。摩擦力等于力 $Q\times0.02$，而 Q 等于 $P\times\cos30°$，即 $0.87P$。因此雪橇克服摩擦力做的功为

$$0.02\times0.87P\times12 = 0.21P \text{（焦耳）}$$

而雪橇到达山脚时具有的动能为

$$6P-0.21P = 5.79P \text{（焦耳）}$$

雪橇到了山脚后继续沿水平面前进，用 x 表示这段路程的长度，那么摩擦力做的功是 $0.02Px$ 焦耳，得

$$0.02Px = 5.79P$$

得 $x \approx 290$（米）。也就是说，雪橇从山上滑下后，可以继续在水平面上向前滑行大约 300 米。

关掉发动机后汽车还能行多远?

在一条水平的公路上，一辆汽车以 72 千米 / 时的速度行驶。某时刻，司机让汽车发动机停了下来。假如汽车运动受到的摩擦阻力是自身重力的 2%，在这种情况下，汽车还能继续行驶多远？

这个题目跟上一节的题目差不多，只不过汽车的动能要根据另外一些数据才能计算出来。汽车的动能等于$\frac{mv^2}{2}$，其中 m 表示汽车的质量，v 是汽车的速度。而这个动能是消耗在路程 x 上的，在这段路程上汽车受到的阻力等于它所受重力 P 的 2%，因此可得

$$\frac{mv^2}{2} = 0.02Px$$

由于汽车受到的重力 $P = mg$，因此上面的式子也可以表示为

$$\frac{mv^2}{2} = 0.02mgx$$

那么汽车继续行驶的距离为

$$x = \frac{25v^2}{g}$$

在计算过程中，并不需要知道汽车的质量，因此汽车关掉发动机后继续

驶出的距离跟汽车的质量没有关系。把已知的 $v=20$（米 / 秒）、$g=9.8$（米 / 秒²）代入式子，计算出最终结果大约为 1 000 米。也就是说，汽车在关掉发动机后，在平坦道路上能够继续行驶约 1 千米的距离。之所以能得出这么大的数值，是因为我们在计算过程中并没有把空气阻力考虑在内，而空气阻力是随着速度的增大而迅速增大的。

机车和轮船的能量用在什么地方？

根据我们的“常识”，机车和轮船似乎把能量都用在自身的运动上了。但是事实并非如此，机车的能量只是在最初的约 0.25 分钟里用来使它本身和整个列车运动，在其他的时间里（在平路上前进的时候），机车的能量都用来克服摩擦力和空气阻力了。我们可以这样说，发电厂发出的电能几乎全部用在加热城市上空的空气上了——摩擦做的功产生了热能。如果没有阻力，火车在最初一二十秒钟跑起来后，由于惯性会在平路上一直跑下去，不需要再消耗能量。

我们在前面的内容中已经讲过，如果匀速运动中需要消耗能量，那么这些能量只会用来克服对匀速运动的阻力。同样的道理，轮船上的强大机器产生的能量也是为了克服水的阻力。水的阻力比陆地上运输的阻力大很多，比如这种阻力会随着速度的增大而迅速增大（跟速度的二次方成正比）。这里顺便说一下，水上运输之所以达不到陆地上那样高的速度①，原因正在这里。一名划手可以轻松地让他的小艇以 6 千米 / 小时的速度前行，但是如果想让速度增大 1 千米 / 小时，那他就要使出全力才行。至于让一艘竞赛艇以 20 千米 / 小时的速度前行，那就需要 8 名熟练的划手共同全力划桨才行。

假如说水对运动的阻力会随着速度的增大而迅速增大，那么，对于水的“搬运力”来说，同样也是随着速度的增大而迅速增大。下面就详细来谈谈这个问题。

① 这里说的不包括一种叫滑行艇的船只，这种船只在水面上滑行时几乎不浸在水中，因此它受到水的阻力很小，能够以比较大的速度前行。

河水冲走石块要多大速度？

在大自然中，流动的河水不但冲刷着河岸，还把冲下来的石块带到河床上别的地方。石块在河底随着水流翻滚，这种石块相当大。河流的这个能力会让人感到惊奇：水怎么能够把石块带走？当然，并不是所有河流都有这样的能力，在平原上流得很缓慢的河水就只能带走一些细小的沙粒。可是，当水流的速度稍有增大，就可以大大提高水流带走石块的能力。如果河水的速度增大一倍，不但可以带走沙粒，还能够带走巨大的卵石。山涧的急流速度更快，能把 1 千克甚至更重的石块带走（图 79）。如何解释这个现象呢？

图 79　山涧中滚动的石块

这里我们遇到的是一个有关力学定律的有趣现象，在流体力学中，这个定律叫“艾里定律”。它证明，水流速度增大到 n 倍，水流能够带走的物体质量可以增大到 n^6 倍。

接下来，我们要说说为什么会出现这种自然界中很少见的六次方的比例。

假设河底有一块边长是 a 的立方体石块（图 80），石块侧面 S 上受到力 F（水流压力）的作用。要让石块以 AB 为轴翻转过去，但石块同时受到力 P（石块在水里的重量）的相反作用，阻碍石块绕 AB 轴翻转。依据力学定律，要想让石块保持平衡，力 F 和力 P 对 AB 轴的“力矩”应该相等。所谓力对轴的力矩，是指这个力与力和轴之间距离的乘积。对于力 F 来说，它的力矩是 Fb。对于力 P 来说，它的力矩是 Pc（图 80）。而 $b = c = \frac{a}{2}$，所以石块只能在$F\times\frac{a}{2}\leqslant P\times\frac{a}{2}$（即$F\leqslant P$）的时候才能保持静止。接下来，我们应用公式

$$Ft=mv$$

式中，t表示力的作用时间，m表示在t秒内对石块作用的水的质量，v表示水流的速度。

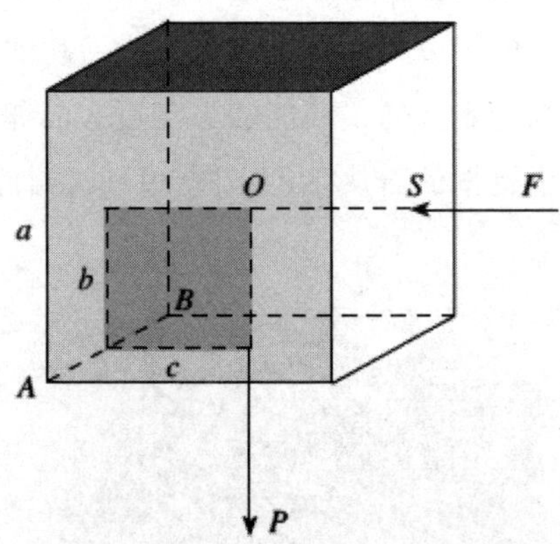

图 80　石块在水流中受到的作用力

流体动力学证明，水流压向与水流方向垂直的平面上的总压力，跟平面面积成正比，也跟水流速度的平方成正比，由此得出：

$$F=Ka^2v^2$$

石块在水中的重量P等于石块所受重力（体积a^3、石块密度d以及重力加速度g的乘积）减去石块所受浮力（同体积水受到的重力），即

$$P=a^3dg-a^3g=a^3\ (d-1)\ g$$

于是，$F\leqslant P$这个平衡条件可以改写成下面这个式子：

$$Ka^2v^2\leqslant a^3\ (d-1)\ g$$

从而演算出：

$$a\geqslant\frac{Kv^2}{(d-1)\,g}$$

能够抵抗速度为v的水流的方石块，它的边长a跟速度的二次方成正比；至于方石块所受的重力，跟它的边长a的三次方成比例。所以，水能带走的方石块所受的重力跟水流速度的六次方成正比，因为$(v^2)^3=v^6$。

这就是“艾里定律”。我们用立方体石块做例子证明了这个定律，当然

也不难证明这个定律适用于其他形状的物体。我们此处的证明只是近似的，目的是用来说明问题，现代流体动力学能够做出比较精确的论证。

为了进一步说明这个定律，假设有三条河流，第二条河流的水流速度是第一条河的两倍，第三条河流的水流速度是第二条的两倍。也就是说，三条河流的水流速度成 1 ∶ 2 ∶ 4 的比例。根据艾里定律，这三条河流能够带走的石块质量之比应该是 $1:2^6:4^6=1:64:4\,096$。因此，如果平静的河水只能带走 0.25 克重的沙粒，那么水流速度是其两倍的河流就能够带走 16 克重的小石子，而水流速度是其 4 倍的山涧能够把 1 千克重的大石块翻动。

雨滴的速度是多少？

一列火车在雨中匀速行驶，当雨水滴落在车窗玻璃上时，会形成一条斜线。这是一种有趣的现象。在此期间发生的，是两个运动按照平行四边形规则的合成，因为雨水在滴落的同时，还参与了火车的运动。这里需要注意，这个合成的运动是直线运动（图 81）。而合成这个运动的其中一个运动（火车的运动）是匀速运动。力学知识告诉我们，在这种情况下，雨滴的下落运动也应该是匀速运动。这个结论简直太令人意外了，下落的物体竟然在做匀速运动。但是，车窗玻璃上的斜线既然是直线，就必然会得出这样的结论。假如雨滴是加速度下落的，那玻璃上的雨水应该呈曲线。（如果雨水匀加速下落，又应该呈抛物线了。）

图 81　车窗上的雨水斜线

因此，雨滴并不像石块那样加速下落，而是匀速下落。这是因为空气阻力完全平衡了产生加速度的雨滴所受重力。不然的话，雨滴不受任何阻力地下落，那造成的后果对我们来说将是非常严重的：云雨时常聚集在 1 000 ～ 2 000 米的高空中，如

果在毫无阻力的空中从 2 000 米高的地方落下来，雨滴下落到地面时的速度应该是

$$v=\sqrt{2gH}=\sqrt{2\times9.8\times2\,000}\approx200\text{（米/秒）}$$

这个速度几乎等于手枪子弹的速度。虽然雨滴不是铅弹而是水，它的动能只有铅弹的十分之一，但是面对这种“扫射”我们也会感觉不舒服的。

那么在实际中雨滴是以什么样的速度落到地面上的呢？在研究这个问题之前，我们先要说明一下为什么雨滴是匀速运动的。

物体下落时受到的空气阻力，在整个下落过程中是不相等的，它随着物体下落速度的增大而增大。在最初的一瞬间，物体下落的速度还很小时[①]，可以不用考虑空气阻力。紧接着，物体下落的速度加快，阻碍这个速度增大的阻力也随之增大[②]。这时候的物体仍然是加速下落的，但是这个加速度比物体自由下落时要小。随后加速度继续减小，直到变成零：从这一刻起，物体运动就没有了加速度，变成了匀速运动。速度不再增大，那么阻力也就不再增大，匀速运动不会遭到破坏——既不会变成加速运动，也不会变成减速运动。

因此，在空气中下落的物体，会在某一个时刻起做匀速运动。对于雨滴来说，这一时刻会来得早些。测量雨滴下落的末速度，结果告诉我们，细小雨滴的速度极小。结果显示：0. 03 毫克的雨滴的末速度是 1. 7 米 / 秒；20 毫克的雨滴的末速度是 7 米 / 秒；最大的 200 毫克的雨滴的末速度也只不过是 8 米 / 秒，目前还没有发现比这更大的速度。

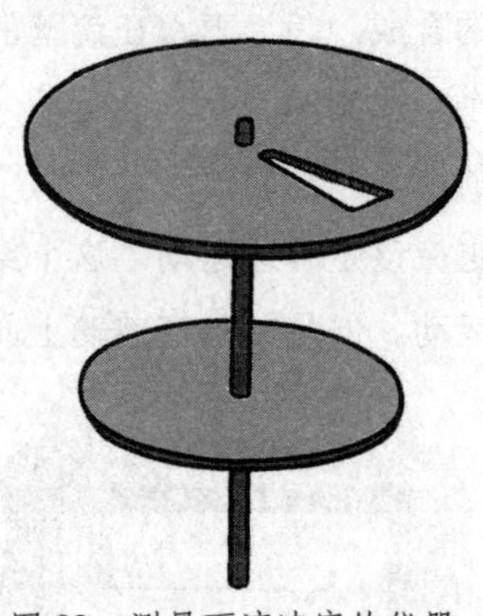

图 82　测量雨滴速度的仪器

测量雨滴下落速度的方法是很巧妙的。用的测量仪器（图 82）是两个圆盘，它们被紧紧地装在同一根竖轴上，上面的圆盘开有一条狭小的扇形缝隙。用雨伞遮住这个测量仪器并拿到室外雨中，然后让它很快地转动起

① 例如，在最初的 0.1 秒里，自由下落的物体只下落了 5 厘米。

② 当速度是每秒几米到 200 米时，空气阻力的增大量跟速度的平方成正比。

来，再把雨伞拿开。于是，雨滴通过上面圆盘的缝隙，会落到铺着吸墨纸的下方圆盘上。当雨滴在两个圆盘之间下落时，两个圆盘会转过一定的角度，因此雨滴落在下方圆盘上的时候，落点应该不是上方圆盘缝隙的正下方，而是稍微落后一些。例如，雨滴落在下方圆盘上的位置落后了整个圆周长的$\frac{1}{20}$，假设圆盘每分钟转 20 转，两个圆盘之间的距离是 40 厘米。根据这些条件，可很容易地求出雨滴下落的速度：雨滴通过两个圆盘之间的距离（0.4 米）所用的时间，恰好是每分钟转 20 转的圆盘转过一周的时间，这段时间为

$$\frac{1}{20} \div \frac{20}{60} = 0.15 \text{（秒）}$$

雨滴在 0.15 秒的时间里下落了 0.4 米，因此，它下落的速度为

$$0.4 \div 0.15 = 2.6 \text{（米/秒）}$$

而雨滴的质量可以根据雨滴落在吸墨纸上的湿迹大小来计算。每 1 平方厘米吸墨纸能够吸收多少毫克的水，需事先测定。

让我们一起来看看雨滴下落的速度与质量的关系，见表 3。

表 3　雨滴下落的速度与质量的关系

雨滴质量 / 毫克	0.03	0.05	0.07	0.1	0.25	3	12.4	20
半径 / 毫米	0.2	0.23	0.26	0.29	0.39	0.9	1.4	1.7
下落速度 /（米·秒$^{-1}$）	1.7	2	2.3	2.6	3.3	5.6	6.9	7.1

冰雹下落的速度比雨滴大。这并不是因为冰雹比雨滴的密度大（正相反，水的密度要大一些），而是因为冰雹的颗粒比较大。即使是这样，冰雹在接近地面的时候也是以不变的速度下落的。

甚至是飞机上投下的榴霰弹（小铅球，直径大约 1.5 厘米）在接近地面时也是匀速下落的，而且这个速度非常缓慢，甚至可以看成是无害的，都不能够击穿软毡帽。但是，从同样的高度投下的铁“箭”却是可怕的武器，它可以击穿人的身体。因为在铁箭的每 1 平方厘米截面面积上分布的质量，要比在圆铅弹上分布的质量大得多。正如炮手们说的那样，箭的“截面负载”比子弹大，因此箭更容易克服空气阻力。

船重会影响顺流而下的速度吗？

物体在河面上顺流而下的情形，与物体在空气中下落的情形很相似。这对于许多人来说是很新奇也很意外的事情。一般，人们会认为一艘没有帆也没有人划桨的小船是会顺流而下的。但这种看法是错误的：小船的速度要比水流的速度快一些；而且小船越重，运动速度就越快。这种现象，有经验的放筏工人非常熟悉，可有许多学物理的人并不知道这一点。

让我们详细地研究一下，为什么会有这么奇怪的现象。乍一看，好像没办法理解顺流而下的小船的速度为什么会超过浮载它的水流速度。这里需要注意一点，河水承载小船的情况，跟传送带传送机器零件的情况并不是一样的。河水本身的面就是倾斜的，小船在这个倾斜面上自动地加速向下运动；而水流呢，会在河床的摩擦作用下做着匀速运动。显而易见，就会有这样一个瞬间，加速向下漂流的小船的速度会超过水流的速度。在这之后，河水对小船的运动反而起到阻滞作用，就像物体在空气中下落时受到空气的阻滞作用一样。结果是，跟在空气里一样，运动的物体速度增大到一定程度后就不会再增大了。水中漂流的物体越轻，这个最大的不变速度就来得越早，速度的值就越小。反之，较重的物体在水流中获得的速度较大。

所以，我们可以得出：如果从小船上掉落下一支船桨，这支船桨一定落在小船的后方，因为船桨比小船轻很多。但是不管是小船还是船桨，它们的速度都应该比水流快，而小船的速度比船桨快。事实上确实如此，尤其是在急流中，这种现象更加明显。

为了进一步说明上面的观点，我们引用一位旅行家说过的有趣的话：

> 我参加了阿尔泰山区的旅行，有一次要乘木筏沿着毕亚河顺流而下——从河流的发源地捷列茨科耶湖到比斯克城，一共花了五天时间。出发前，有人向筏工提出质疑，认为木筏载的人太多了。
>
> “没关系的，”筏工说，“这样更好，跑得会快些。”
>
> “什么？难道我们不是跟水流一样快吗？”我们感到很奇怪。
>
> “不是的，咱们跑得要比水流快，木筏越重，跑得就越快。”

我们都不相信他说的。筏工就让我们等木筏开动起来后，把一些木片丢到河里，做个试验。果然，木片很快就落在了我们的后面。

筏工的观点在我们坐木筏旅行的这段时间里得到了证明，而且是非常有效的证明。

在一个地方我们陷入了漩涡里，在我们打了很多转之后才从漩涡里脱离出来。在刚开始打转的时候，木筏上的一个木槌掉到了水里，木槌很快就脱离漩涡漂走了。

“不要紧的，”筏工说，“咱们能追上它，咱们比它重呀。”

虽然我们在漩涡中纠缠了很久，但最终筏工的话得到了验证。

在另外一个地方，发现在我们前面还有一个木筏，比我们的要轻（因为上面没有乘客），我们很快就追上了，并且超过了它。

舵是怎样操纵船只的？

众所周知，大船航行是要有舵的。一个小小的舵，为什么就能操纵巨大船只的运动呢？

假设有一艘船（图 83）在发动机的作用下，正沿着箭头所指方向运动。在研究船体跟水的相对运动时，可以把船看成是固定不动的，水是向着船只前进的相反方向流动。水用力压在舵上，这个力使船绕它的重心 C 转动。船与水的相对速度越大，舵的作用就越大。假如船与水是相对静止的，那么舵就不能使船转动。

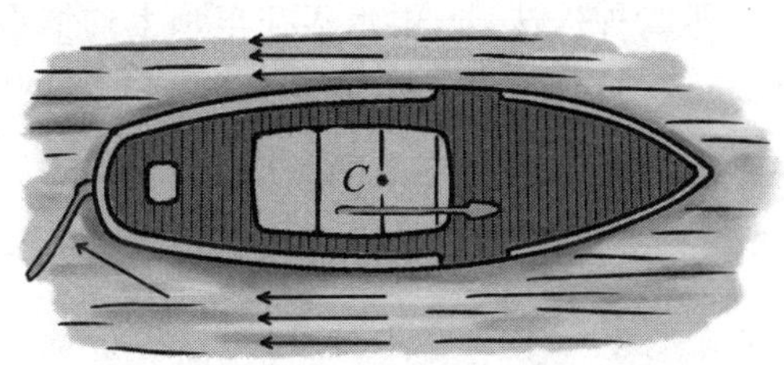

图 83　用发动机开动的船，舵装在船尾

什么情况下雨水落得更多?

这一章说了很多有关雨滴的问题，在即将结束本章内容的时候，我们再提出一个有关雨滴的问题。我们用这个简单而又非常有教育意义的题目来结束本章的内容。

当雨水竖直落下时，你的帽子在什么情况下会湿得更厉害呢？是站立在雨中不动时帽子湿得更厉害，还是在雨中走动相同的时间后帽子湿得更厉害？

也可以换一种方式来提问：雨水竖直落下时，在什么情况下每秒钟内落在车顶上的雨水更多，是车停着的时候，还是车行驶的时候？

我们把这个题目（不管是用第一种方式提问，还是用第二种方式提问）抛给许多研究力学的人，得到了各种不同的答案。为了保护帽子，有人建议要在雨水中站着不动，另外一些人则建议要快速奔跑（图 84）。

图 84　为了保护帽子，有些人提议要快速奔跑

究竟哪一个是正确的答案呢？

我们先研究一下第二种提法——雨水落在车顶上的情形。

车辆静止不动时，每秒钟内落在车顶上的雨水，形状如同直棱柱，棱柱的底是车顶，棱柱的高是雨滴竖直下落的速度 v（图 85）。

图 85　雨滴竖直落在车顶上

落在运动着的车顶上的雨水量，比较难计算。我们可以这样想：车辆以速度 $v_{车}$在地面上行驶，我们也可以把车辆看成是固定不动的，而地面以速度 $v_{地}$向相反的方向运动。此时落下的雨滴相对于地面来说是垂直下落的。相对于固定不动的车辆来说，共有两种运动：一种以速度 v 竖直下落，另一种以速度 $v_{地}$水平移动。这两种运动合成的速度 $v_{合}$跟车顶成一个倾斜角。也就是说，车辆像是停在倾斜落下的雨中一样（图 86）。

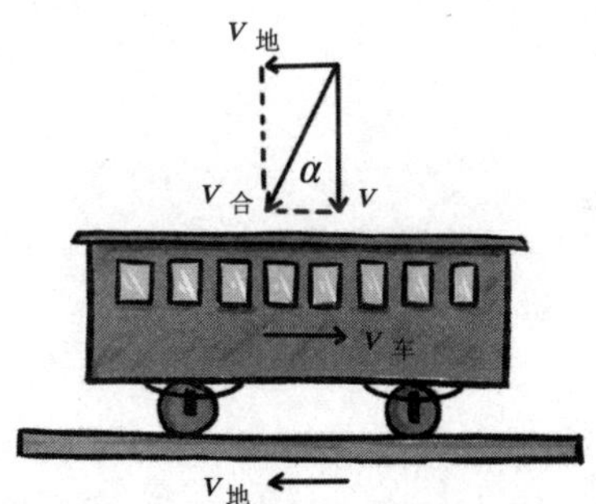

图 86　运动着的车辆情形就如同图中所示

现在应该很清楚了，每秒钟内落在运动着的车顶上的雨滴，完全落在一个倾斜的棱柱内。这个棱柱的底仍然是车顶（图 87），各个侧棱跟竖直线成 α 角，侧棱长等于 $v_{合}$。此棱柱的高为

$$v_{合}\cos\alpha = v$$

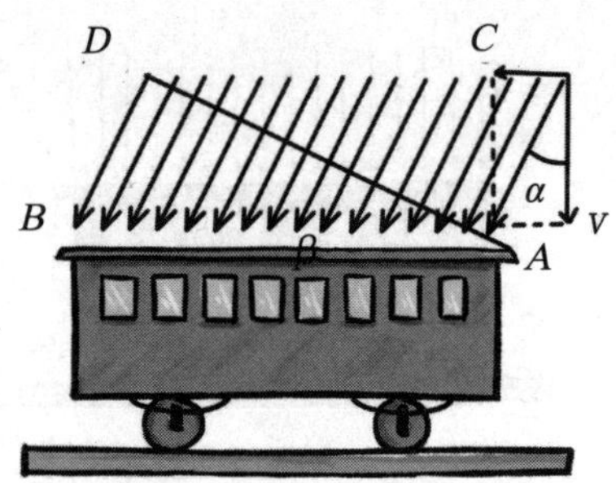

图 87　落在运动着的车辆车顶上的雨

如此一来，上面谈到的直棱柱（雨滴竖直下落的情形）和斜棱柱（雨滴倾斜下落的情形），它们拥有共同的底（车顶）和相等的高，因此它们的体积相等。那么在这两种情形中，落在车顶的雨水量是完全相等的。也就是说，在雨中无论你是站上半小时还是奔跑半小时，你的帽子被打湿的程度是一样的。

第十章　生物世界里的力学

为什么巨人的体力会比正常人弱？

在童话《格列佛游记》一书中，有个巨人国，那里的人身高足有正常人身高的 12 倍。当你读到这里时，第一印象一定是这些巨人的力量也至少应该是正常人的 12 倍。这本书的作者斯威夫特也认为是这样的，他把巨人写得十分强壮有力。但是，这样的看法是错误的。它与力学的原理相悖。下面可以通过计算，证明这些巨人的体力不但不比正常人强大 12 倍，而且相反，还比正常人弱很多。

假如让格列佛和巨人站在一起，两人同时举起右手。假设格列佛的臂重是 p，巨人的臂重是 P，格列佛把手臂重心举到高度 h，巨人举到 H。也就是说，格列佛做了 ph 的功，巨人做了 PH 的功。那么这两个数值之间有什么关系呢？可以推断出巨人手臂的质量跟格列佛手臂的质量之比等于它们的体积比，比值是 12^3。又因为 H 是 h 的 12 倍，所以 $P = 12^3 \times p$，$H = 12h$。那么 $PH = 12^4 ph$。从这里可以看出，完成举起手臂这个简单的动作，巨人要做的功等于常人的 12^4 倍。那巨人是不是具有这么大的能力呢？这就需要对比一下两人肌肉的力量了。在这之前，要先了解一下生理学上有关肌肉的叙述：

在平行纤维的肌肉里，举重所达到的高度跟纤维的长度有关，而质量跟纤维的数目有关，因为质量是分布在各条纤维上的。因此，两条质地、长度相同的肌肉，截面面积比较大的就能做出比较大的功；如果是截面面积相同的两条肌肉，比较长的那条能做出较大的功。假如是两条截面面积和长度不同的肌肉，它们当中体积比较大的，做的功比较大。

由此可以得出结论，巨人做功的能力等于格列佛的 12^3 倍（两人的肌肉体积比）。用 w 表示格列佛做功的能力，用 W 表示巨人做功的能力，就可以得到式子：$W = 12^3w$。

根据这两个式子我们可以看出，巨人举手时做的功是格列佛的 12^4 倍，而巨人做功的能力只有格列佛的 12^3 倍。显而易见，巨人做举手的动作要比格列佛困难 12 倍。因此，要想战胜巨人，所需要的军队就不是 1 728（即 12^3）名常人，而只需要 144 名常人了。

如果作者斯威夫特想让书中的巨人能和常人一样自如地运动，就需要让巨人的肌肉体积等于按比例算出来的 12 倍。这样的话，巨人的肌肉直径应该是按比例算出来的直径的约 3.5 倍。因此，为了支持加粗了的肌肉，骨骼也相应地要加强。不知道作者斯威夫特是否想过，他想象中的巨人在质量和体型方面应该和河马差不多了。

河马为什么笨重？

在大自然中，不可能有身材庞大而矫健的生物。我们举个例子，用数据来说话。拿河马（身长 4 米）和旅鼠（长 15 厘米）做个对比。虽然从外形上看，两者的身体很相似，但是我们知道几何形状相似而尺寸不同的动物，它们的身体灵活程度不同。

假设河马和旅鼠的肌肉几何相似，河马就会比旅鼠弱，大约相当于旅鼠的 $\frac{15}{400} \approx \frac{1}{27}$。

如果想让河马具有与旅鼠一样的灵活性，就需要让河马的肌肉体积等于上面计算出来的 27 倍，也就是河马的肌肉粗细应该加大到 $\sqrt{27}$ 倍，即 5 倍多一点。要能够支撑这些肌肉，就需要骨骼也相应地加粗增强。

现在知道了为什么河马这么笨重臃肿，骨骼粗大了吧。图 88 中用相同的尺寸画出了河马和旅鼠的骨骼和外形，很直观地表明了动物世界里的一个定律：动物身材越是庞大，它的骨骼所占体重的百分比就越大（表 4）。

图 88 河马的骨骼（右）和旅鼠的骨骼（左）的比较

表 4 不同动物的骨骼占体重的百分比

哺乳类	骨骼重 /%	鸟类	骨骼重 /%
地鼠	8	戴菊鸟	7
家鼠	8.5	家鸡	12
家兔	9	鹅	13.5
猫	11.5		
狗（中等大小）	14		
人	18		

为什么动物体型越大，四肢越短？

陆地上生活的动物，在身体构造上都遵循这样一个简单的力学定律：动物四肢的工作能力跟它们身体长度的三次方成比例，而控制四肢所需要做的功与它们身体长度的四次方成比例。因此动物体型越大，它们的四肢——脚、翼、触角——就越短。在陆生动物中，只有体型尺寸极小的动物才会有长长的脚，如我们熟知的盲蜘蛛就是这样一个例子。如果这种尺寸大到了一定程度，如像狐狸大小，就不可能有相似的形状了。因为这样的长脚会支持不住身体的质量，并且也会失去行动的敏捷。只有在海洋里，动物的体重在水的作用平衡下，才可能有这样形状的动物，如深海螃蟹就有直径半米大小的身体和 3 米长的脚。

这个定律，也体现在各种动物的成长发育阶段。已经成年的动物的四肢，比例上总比初生时短，身体的发育超过了四肢的发育，如此才能建立肌肉跟运动所需的功之间的对应关系。

这些有趣的问题，是伽利略最先研究的，在他写的《关于两门新科学的对话》一书中，谈到了尺寸极大的动物和植物、巨人和海生动物的骨骼、水生动物可能的大小等问题，为力学奠定了基础。关于这些，在本章的后续内容中还会提到。

为什么说巨兽必然会灭绝？

力学定律替动物规定了身体尺寸的极限。如果想让动物的绝对力量增强，就需要让它的身躯长得足够大，那么就会造成它的活动能力降低或者造成它的肌肉和骨骼异常巨大。这两种情况都会致使动物在寻找食物方面陷入困境。因为随着身躯的增大，所需要的食物量也会增加，而得到食物的机会却减小了（因为活动能力减弱了）。体型到了一定大小的动物，它对食物的需求量会超过它获取食物的能力，这就会导致它不可避免地灭绝。我们知道古代很多体型巨大的动物相继退出历史舞台，只有少数动物活到现在。巨大的动物如巨大的爬虫类（图 89），它们的生存能力都不强。在远古时代，地球上很多巨大动物之所以灭亡了，上述定律是主要原因之一。当然，鲸不包括在内，因为它是生活在海洋中的，它的体重会被海水对它身体的压力抵消。

图 89　假如古代的巨兽出现在现代都市的街道上

说到这里，就有一个问题了：假如巨大的体型对动物生存不利，为什么动物不朝着逐渐缩小体型的方向进化呢？原因是，体型巨大的动物终究要比体型小的更强有力。我们从《格列佛游记》中可以看出，虽然巨人举手要比格列佛困难 12 倍，但是巨人能够举起的质量却是格列佛能举起的

1 728 倍，用这个质量除以 12，就是巨人的肌肉能够承受的了，这个质量相当于格列佛能承受的 144 倍。显而易见，在大小动物的斗争中，大型动物还是占很大优势的。然而，这个在斗争中占尽优势的巨大体型，却在另一方面（获取食物方面）使其陷入不幸境地。

哪一个更能飞？

如果我们想正确地比较动物的飞行本领，就应该记住：翅膀的作用是因有空气阻力才产生的，而空气阻力的大小跟翅膀面积的大小有关（前提条件是翅膀以相同速度运动）。这个面积在动物尺寸加大时，跟动物长度的二次方成比例增大，而它所升起的质量（体重）跟长度的三次方成比例增大。因此，翅膀每 1 平方厘米上的负载，会随着飞行动物尺寸的增大而增大。《格列佛游记》中巨人国的巨鹰，其翅膀的每 1 平方厘米上承受的负载是普通鹰的 12 倍，而小人国中的鹰的负载是普通鹰的$\frac{1}{12}$，两者相比，显然巨鹰是个“低能”的飞行动物了。

当然，这两者都是想象出来的动物。让我们把目光转向现实中的动物，下面列出了几种飞行动物的翅膀每 1 平方厘米上所承受的负载（括号里是动物的体重）：

蚕蛾（2 克）…………………………0.1 克
岸燕（20 克）…………………………0.14 克
鹰（260 克）…………………………0.38 克
鹫（5 000 克）………………………0.63 克

从上面列出的数据可以看出，飞行动物的体型越大，翅膀上每 1 平方厘米所承受的负载就越大。所以，鸟类身体的增大一定会有一个限度，超过这个限度，它就不能在空中飞翔了。一些体型巨大的鸟失去了飞行的能力，这并不是偶然的事。在鸟类世界中，这种“巨人”有：约有一人高的食火鸡、2.5米高的鸵鸟，或是更巨大的、已经灭绝了的马达加斯加地区的隆鸟（5米，图90）[①]，它们都不能飞[②]。它们始祖的身体要比它们小，可能是能飞的，后来由于练习不够，就逐渐丧失了这项本领，同时得到了增大体型的可能。

图90　鸵鸟和已经灭绝的马达加斯加地区的隆鸟的骨骼（左边是一只用来作比较的鸡）

怎样从高处落下不受伤？

在自然界中，昆虫可以从高处落下而毫发无伤，而这个高度人类是不敢跳下去的。有些昆虫为了逃避天敌追捕，往往会从高处的树枝上跳下，落到地上时却一点损伤都没有。如何解释这种现象呢？

原来，体积不大的一个物体在碰到障碍的时候，它的各部分几乎马上就会停止运动，而不会发生一部分压在另一部分上的事情。而当一个巨大的物体落下时，情况就不同了：当它碰到障碍物时，下面部分停止了运动，但上面部分还在运动，这就会对下面部分产生较大的压力。这就是使巨大动物机体受到损伤的那个“震动”。

例如《格列佛游记》中的小人国，如果1 728个小人从树上散落下来，

---

① 最新研究表明，这种鸟在17世纪初还生活在地球上。

② 现存约有40种不会飞的鸟类，包括企鹅、鸵鸟、鸸鹋等。鸵鸟是世界上现存体型最大的鸟类；而大雁是世界上飞得最高的鸟类，平均飞行高度为1万米，其中斑头雁又是大雁中的“登高冠军”，每年夏季它们会飞过世界最高峰珠穆朗玛峰到达西藏。

他们都不会受太大伤害。但要是 1 728 个小人成堆落下来，上面的小人就会把下面的小人压坏。而一个正常人的体重恰好等于 1 728 个小人的体重之和。

此外，小动物从高处落下没有损伤的第二原因是，这些动物身体各个部分的弹性较大。我们知道杆子或木板越薄，受到力的作用时就越容易弯曲。在长度方面，昆虫跟巨大的哺乳类动物相比，只是它的几百分之一；而由弹性公式可知，在它们的身体受到碰撞的时候，就会弯曲到大几百倍的程度。假如碰撞变成在长几百倍的路程上作用，那么它的破坏程度也会以对应的百分比减小。

树木为什么不能无限长高?

德国有句俗语："大自然很有爱，不让树木长高到天顶。"那么这个"爱"是因何而来的呢？

假设有一棵能够牢牢支撑自身质量的树，它的长度和直径都增大到 100 倍，那么它的体积就增大到了 100^3 倍，即 1 000 000 倍，同时它的质量也会增大到这个倍数。树干的抗压力跟截面面积成正比，因此它的抗压力只增大到了 100^2 倍，即 10 000 倍。因此，这个时候每 1 平方厘米的树干截面上就要承受 100 倍的负载。显然，如果树木增大到这个高度，它的几何形状始终保持不变，那么这棵树就会被自己所受的重力所压坏①。高大的树木想要保持完整，它的粗细与高度的比就应该比矮的树木大。如果想加粗树木，树的质量也会随之增加，也就是说，又要增大树的下部所承受的负载。因此，树木有一定的高度极限。超过了这个高度限制，树木就会被压坏，这就是树木"不长高到天顶"的道理。

现实中，让我们感到惊奇的是麦秆的强度。比如拿黑麦来说，麦秆只有 3 毫米粗细却高达 1. 5 米。在建筑方面，最高、最细的建筑应该是烟囱了，它的平均直径约为 5. 5 米，高度达到 140 米，烟囱的这个高度约是直径的 26 倍；但是对于黑麦秆来说，它的比值达到 500。当然，这里不能说大自

① 除非树干的上端变细，就像"等抗力杆"的形状。

然的产物要比人类技术的产物完善得多。经计算证明（很烦琐的计算，这里就不一一列出了），假如大自然要按照黑麦秆的条件创造出一根高140米的管子，它的直径也应该在3米左右。也只有这样，这根管子的强度才会和黑麦秆一样，这跟人类利用科学技术手段制造出来的没什么差别（图91）。

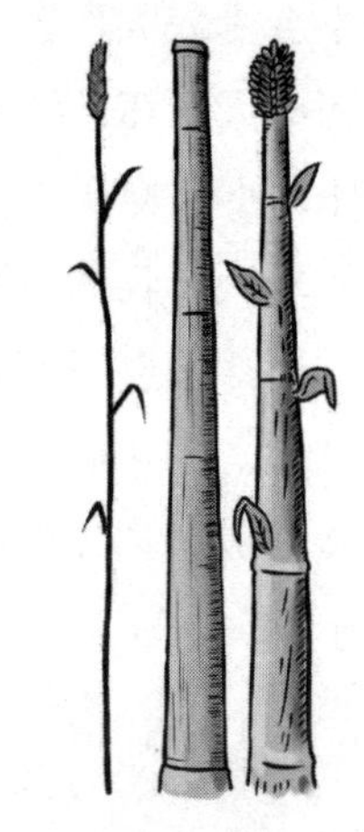

图91　黑麦秆、工厂烟囱和假想的140米高的麦秆

植物的高度增加时，它的直径就要不成比例地增大，这个事实可以从下面的例子中看出：黑麦秆的长度（1.5米）与它粗细的比值是500，竹竿（高30米）的这一比值是130，松树（高40米）的这一比值是42，桉树（高130米）的这一比值是28。

生物身体中藏着怎样的力学？

让我们用力学奠基人伽利略的著作《关于两门新科学的对话》中的几段内容，来结束本书的最后一个章节。

萨尔维阿蒂：我们应该非常明确，不仅是人类的技术不能无限制地增大创造物尺寸，即使是大自然也是不可以的。例如，人类不可能建造出极其巨大的船只、宫殿和庙宇，因为没有相应的桨、桅杆、梁、铁箍以及其他各种零部件来维持它的坚固。大自然中也不可能生长出极其巨大的树木，否则它的枝丫就会在巨大的自重作用下断裂。同样，也不可能有过分巨大的人骨、马骨或者是其他动物的骨头能够保持其功用。如果动物的尺寸特别巨大，它的骨骼就要比一般的骨骼坚硬很多，骨骼的样子会发生改变，粗细要相应增大，如此一来，在构造上和外形上就会给人一种特别肥大的印象。对于这一点，具有敏锐观察力的诗人阿利渥斯妥在《狂暴的罗德兰》一书中对巨人的描写如下：

他高大的身材使他的肢体变得这么粗，
以至于他的样子看上去就像是一个怪物。

这里可以参考下面这张图（图 92），算是上面所说内容的例证。图上大骨头的长度仅是小骨头的 3 倍，而粗细却要增大这么多倍，才能像小骨头对小型动物那样稳妥可靠地给大动物使用。从图中就能看出，加大的骨头是有多么粗大。从而我们得出一个结论，要想让巨人身上保留常人肢体的比例，就必须找到一种更加方便、更加坚硬的物质来构成骨头，不然的话，巨大身体的强度会比常人的还小，身体尺寸增加极大的时候，会使整个身体被自身所受的重力压坏。反之，如果减小身体的尺寸，而它的强度并不会按照比例减小，甚至能发现比较小的物体的强度相对增大。例如，一只小狗可以背起两只或者三只同样的狗，但是一匹马就不能背起哪怕一匹同样大小的马。

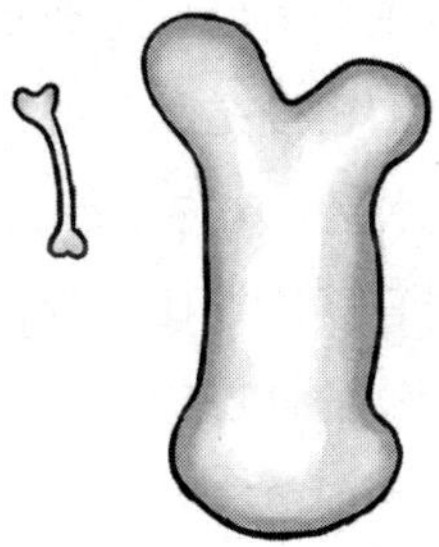

图 92　大骨头的长度是小骨头的 3 倍，大骨头要变粗很多倍才能支撑起大动物

辛普利丘：我有足够的理由怀疑你刚才说的这些内容的正确性。因为在鱼类中可以看到巨大的身躯，譬如鲸[①]，如果我没记错的话，它的大小等于十头大象，但是它的身躯却安然无恙，完美地支撑着。

萨尔维阿蒂：辛普利丘先生，您说的这个观点正好让我想起了刚才遗漏掉的一个条件。如果具备了这个条件，巨人和巨大的动物就能很好地生存，并且不比小动物差。这个条件就是，如果只是增大用来承受本身质量和身体

① 在伽利略的时代，人们认为鲸是鱼类。但事实上，鲸是哺乳类，是用肺呼吸的动物，是用肺呼吸的水生动物。

上连带部分质量的骨头和其他部分的粗细与强度，还不如让骨头的构造与比例不变，而去减小骨头的质量以及连接在骨头上并被骨肉所支撑着的身体各部分的质量。大自然在创造鱼类时，用的就是这种方式，它使鱼类的骨头和身体各部分不但很轻，而且完全失去了重力作用。

辛普利丘：我明白了，萨尔维阿蒂先生。你是说，鱼类是生活在水中的，因为水本身所受的重力，抵消了浸在水中的物体所受的重力，因此构成鱼类的物质在水里是失掉了重力的，可以不用骨头支撑。但我还是有一点不够明白，假设鱼类的骨头不用支撑身体的质量，但是构成骨头的这些物质会有质量呀，有谁能证明那一根根粗梁般大小的鲸鱼肋骨没有一定的质量呢？有谁能证明它不会沉到海底去呢？根据您的理论，鲸鱼这么大的物种是不应该存在的。

萨尔维阿蒂：为了反驳你的论据，我先向您提出一个问题。您可看到过在一处平静的死水中，有既不下沉也不浮起、一动不动的鱼？

辛普利丘：这种现象大家都知道。

萨尔维阿蒂：既然鱼能够在水中保持这个状态，一动不动地停在水中，那就说明鱼类身躯的密度与水的密度是相等的。既然鱼的身体里有些部分比水重，那么就一定有一部分比水轻，这样才能达到平衡。既然说骨头比水重，那么鱼身体的肌肉或者某些器官就应该比水轻，正是这些部分比水轻才抵消了骨头的重量。因此，水生动物的情况跟陆生动物的情况完全相反：陆生动物用骨头来支撑骨头和肌肉受到的重力，而水生动物用肌肉承受骨头和肌肉受到的重力。所以，极其巨大的动物能在水中生存，但在陆地上（在空气里）不能生存，这是一点都不奇怪的。

沙格列陀：我很喜欢辛普利丘先生的言论，喜欢他的疑问和对问题的解答。我从中可以得出结论，如果把一条大鱼拖到岸上，它是不可能支持太久的，因为它骨头之间的联结很快就会断裂，整个身躯就会塌下去。